如何度过情绪的雨天

[西] 安娜贝尔·冈萨雷斯 著
江瑀 译

浙江文艺出版社
Zhejiang Literature & Art Publishing House

果麦文化　出品

感 谢

贝戈尼亚
（Begoña）

玛利亚·何塞
（Maria José）

奥利奥尔
（Oriol）

诸位的协助，让我能够顺利地完成此书

目　录　Contents

001　前　言

005　第一章 走进情绪的世界

007　1 如何应对糟糕的一天，决定了故事的走向

024　2 情绪“打结”了，怎么办?

032　3 迈出第一步：允许自己去感受

042　4 想法对了，情绪也就对了

047　5 如何驾驭情绪的马儿?

056　6 从零开始学习情绪调节

062　7 恢复情绪平衡的六大步骤

070　8 表情与心情，大有关系

078　9 把情感翻译成语言，你会轻松许多

085　第二章 压抑情绪的代价

087　1 冷调节和热调节，对情绪都很重要

092　2 遗忘，不代表问题真的解决了

100　3 睡眠的影响，你一定要了解

106 4 被否决的感受，身体都知道
114 5 情绪的反抗，你听见了吗？
118 6 情绪是人际沟通的桥梁
124 7 社会文化对情绪调节的影响

129 **第三章 表达情绪的艺术**
131 1 了解自己的情绪处理方式
139 2 和每一种情绪好好相处

187 **第四章 远离情绪的误区**
189 1 别再做那些适得其反的事
198 2 不断反刍忧郁，只会越陷越深
205 3 回避情绪，犹如饮鸩止渴
215 4 被淹没的情绪，都需要被看见
223 5 不当控制狂，活得更轻松
229 6 陷入低潮时，你可以这样做

237 **第五章 让坏情绪变好事**

239 1 调节情绪，先从基础策略开始

249 2 分析事情的“前中后”，全方位调节情绪

256 3 最细致且有效的情绪调节艺术

263 4 解开情绪的结，向外寻找出口

269 5 相信专业，为情绪寻找引导者

274 6 改善情绪调节，有这些实用的方法

284 7 持续练习，就会看到改变

295 8 我们都在改变的路上

302 参考书目

前 言

追求幸福是人类最大的渴望之一，我们可能觉得生活中充满了困扰，但其实许多时候，我们才是自己通往幸福路上的绊脚石。我人生中大部分的时间都在帮助遇到问题的人，倾听他们的人生故事，了解他们如何面对困境。身为精神科医生，我对于创伤后的心理治疗领域特别感兴趣，也就是研究如何让人从逆境中突破，进而使生活过得更好的学问。

我有幸能够陪伴着人们改变，在这个过程中，我看到了许多非同凡响的事。我见证了人们如何从支离破碎的生活当中重拾自己，也见识过一些原先觉得自己渺小的人，从无法打理日常生活，到能够掌握命运的缰绳，并取回个人世界的主导权。我见证了人们如何直视最痛的伤痕，且完全释怀。我认识了许多了不起的人，他们重新征服了生活，与自己和解，重新与自己的情绪感受进行联结，学会照顾自己并与自己相处。

当然，我也看到过许多人没有办法或不知如何摆脱不适感。有些人甚至不想改变，不想离开原来的处境，即便那样的后果非常不利，却仍然执着于自己的生活模式。我也都尊重他们。改变有时会让人晕眩，甚至感到恐惧，所以即使得付出昂贵的代价，我们也宁愿待在自己熟悉的困境当中。在任何时候，改变都会令人疑虑。但从长期来看，当面临同样的情境与同样的问题时，每个人的反应大不相同。有些人能够完全走出来，甚至活得比之前更好；有些人则会陷在困境当中，且越来越自我封闭。为何会有如此差别？究竟是什么原因造成的呢？

我并不知道全部的答案。事实上，对于研究大脑运作模式以及人类意识的科学工作者来说，唯一能确认的就是，大脑的奇妙和复杂程度是无法简略说明的。但我明白一件事：能够突破困境的人，并非那些无论现实如何演变都保持快乐的人，也并非那些总是看起来乐观开朗、面带微笑的人。最重要的是，要有能力管理所有正面与负面的情绪，来帮助自己面对生活中的任何情境。要想对自我和人生感到满意，关键在于知道如何与逆境和平共处。

当然，要做到这一点并不容易。每个人的神经系统各不相同，有些人对于逆境的冲击更加敏感，也有一些大脑的疾病会导致人无法保持稳定的情绪，或无法过滤周遭的讯息，如果不经由药物调整，是很难改变这些状况的。即便我们没有如此高的敏感度或生物感知度，有些伤痛还是大到超乎我们的应对能力，或者同时发生的问题太多，超出我们的负荷。毕竟每个人都有自己的极限。然而，逆境到底会造成多大的影响，多半并不仅仅取决于其客观的严重程度，或它所带给我们的感受，而是取决于我们如何面对自己的感受。

- 若我们正处在人生的低潮，发现自己受到影响，不必要求自己表现得一切如常。如果我们求助于能够、愿意且懂得如何支持我们的人，并且乐意接受帮助，即便自己的能量很低，这股外来的力量还是能帮助我们。总而言之，在感到心情不好的时候，如果能有意识地更加照顾自己，就会有效缓解不适感，而不适感持续的时间便会缩短。
- 反之，如果我们不承认自己状态不佳，强迫自己坚强起来，拒绝投降，觉得心情不好是件可耻的事，苛责自己，不愿寻求也不愿接受帮助，不做能改善自己状态的事，反而自我伤害，那么不适感将会加剧，低潮期持续的时间也会更长。

本书的核心议题就是我们对于自己的感受所做的一切——心理学上称之为情绪调节。

在接下来的各个章节中，我会介绍情绪调节是如何实现的。如果我们能够更多地了解情绪如何运作，以及哪些是最有效的情绪调节系统，就更有机会和生活中的课题谈判。理解并不能改变一切，但能在很大程度上帮助我们，否则我们将很难改变自己的行为模式。许多情绪调节机制都是在潜意识层面运行的，理解它们能够让我们有意识地进行改变。另外，仔细观察自己的情绪状态，不陷入情绪之中，而是思考自己有什么样的感受，进而做出应对，这本身就是一种调节情绪的方式。

除了理解情绪，我们还得和自己的身体感受做良好的联结。我们需要特别注意自己的身体及其感受。若不往自己的真实感受看过去，我们只会在理论上打转。身体和意识的反省必须互相搭配，才能达到良好的情绪调节效果。

实际上，当我们面对自己的情绪，比起知道该做些什么，更重要的是知道不该做什么。有时我们本想扑灭情绪的火堆，却不知不觉地加入了更多的木柴。如果一遍又一遍地绕着负面感受打转，可能刚好滋养了我们最不想要的情绪。

由于许多因素的综合作用，神经系统的复杂性并不总是对我们有利。值得庆幸的是，有许多途径可以影响大脑的运作模式，而且这一切都是可以学习的。当然，我们得有足够的爱心和耐心，才能促成这些改变。改变需要时间，而且并不容易做到，尤其是当那些不良的行为模式已经陪伴我们多年，甚至一辈子的时候。

耐心特别重要。如果我们没有足够的耐心，就得赶紧培养和练习。要想让情绪调节系统发挥作用，需要投入足够的时间。人们往往想要尽快从某种情绪中抽离，但那只是急功近利的行为，把烦恼留给了明天，看似隔离了问题，实际上却是在助长问题，等到不得不面对时，才感觉求救无门。相对地，情绪调节并非魔术，而是需要一番耕耘，得按照季节规律，在气候适宜的时候才能有所收获，甚至得等到来年才能结出果实。但只有当我们了解这块田地，为其施肥，用心种下好的种子，并悉心照顾，才能有收获。而这本书，就是附有种植与栽培指南的一把种子。

CHAPTER 1

第一章

走进情绪的世界

露西亚的情绪关键词：

辨识感受

有效处理情绪

向可信之人倾诉

等平静时再做决定

让自己好好睡一觉

1

如何应对糟糕的一天，决定了故事的走向

露西亚经历了倒霉的一天，简直是糟透了。一大早，热水器的故障就打破了早餐的宁静时光，水淹得整个厨房都是。她关掉自来水阀门，停止了这场灾难，但维修人员要到第二天才能来，于是她决定先用冷水冲个澡，然后带着清晰的头脑去上班。她感觉自己的大脑处于极度活跃的状态，便打算用这股能量来做些不一样的事情。

她是一家鞋店的店员，对这份工作她并没有太多的热情，但暂时找不到其他与平面设计学历相关的机会。她清楚自己得为生活打拼，所以并不为此纠结，她一边工作，一边等待着更好的时机。今天，她想在橱窗中搞点创意，原以为老板会喜欢，谁知老板一到店里，就立即骂她是在浪费时间，还为了一堆无关紧要的小事，当着许多客人的面对她破口大骂，使她颜面扫地。露西亚非常生气，当下就开始考虑要不要炒老板的鱿鱼。但她告诉自己，现在太过愤怒，最好还是等冷静一点的时候再来做这么重大的决定。她安抚了一下自己的情绪，把那些想法先放在一旁，重新把注意力集中在店里的客人身上，用灿烂的笑容为他们服务。

下班后，露西亚没有直接回家，她告诉自己："我要去散散步，看看能否借此减轻压力。"她一边走，一边想象着自己和老板的各种对话，释放了一些愤怒的情绪。她意识到，不能在工作中展现创意，真的会让自己很沮丧。她从小喜欢画画，但不知该如何把这项天分运用到工作中。她打电话约朋友宝拉出来喝咖啡，想要调节一下心情，但宝拉有事走不开，于是她们在电话中聊了一会儿，露西亚向宝拉倾诉了自己的感受。每次和宝拉聊天都对她很有帮助，而且她们的工作情况非常相似。她们一起回想了各自老板的行为举止，然后露西亚意识到，她的老板在进门时情绪就很差了，最近他几乎都是这样。

"我想他的怒气应该跟店面的橱窗无关，也和我无关，应该是他自己遇到了什么事情吧。"通过与宝拉交谈，露西亚得出了这个全新的观点，也意识到自己必须倾听内心的感受。在过去的日子里，她错失了许多在工作之外做其他事情的机会，而现在，她决定重新收拾起绘图工具，至少能在空闲时间练练绘画。

在散步以及和朋友聊天后，露西亚感到平静多了，但心情还是没有完全恢复。她想："我需要抱着毛毯在沙发上待一下。"于是她买了些美食回家，一边放着欢快的音乐，一边准备晚餐，然后端着晚餐去看她最喜欢的电视剧，并且慵懒地想着该如何转换跑道，做一些自己喜欢的事情。

吃完晚饭，她有些累了，于是早早上床睡觉。她告诉自己："我得认真思考这一切，但今天我该休息了。明天又会是全新的一天。"

就这样，露西亚经历了糟糕的一天，而不是糟糕的一周。她处理情绪的方式让她的日子好过多了。她意识到自己有许多不愉快的感受：对热水器的焦虑甚至恐惧、因为自己被人在客户面前发脾气而产生的羞愧、对老板的愤怒、因为不能做自己喜欢的事而难过等。但对于以上这些情绪，她都做了有效的处理：她想办法阻止了家中的意外，及时联系好维修工人；她在想象中发泄了对老板的愤怒；通过与懂得珍惜和了解自己的人联系，她得到了抚慰，化解了悲伤；她宠爱了自己，让自己好好休息。

以上这一切都发挥了效用。虽然她对老板很愤怒，但并没有大吼大叫，相反，她在愤怒中思考了这么做对自己到底有没有帮助。她也没有认命地待在现在的工作岗位上，为那个没礼貌的家伙赔上自己的一生。她想到了更实际的计划来解决问题，她打算去找更有意义的事来做。更重要的是，她知道该等到自己情绪比较平静的时候再去审视那些选择。

当我们和自己的情绪处得不好时，由于每个人情绪调节系统的运作方式不同，生活也会产生各不相同的问题。和露西亚有着不同的情绪处理方式的人会如何应对这样糟糕的一天呢？我们来看看下面的例子：

潘多拉

她在热水器坏掉的当下就告诉自己这一切都很糟糕，厄运总是跟随着她（这是一直伴随着她的一种信念）。当老板看到她布置的橱窗时，也一样责骂她（别忘了老板从家里出来时就在生气了），潘多拉从难过的状态变成了极度的焦虑。虽然她气得想直接回家，但她更怕老板，所以只好尽力地忍过这一天。一到家，她立刻打电话给母亲，母亲这样回应："女儿呀，别这样！你可别和老板顶嘴，不然会被炒鱿鱼。"这通电话使她更加难过，就如她平时和母亲说话一样。她整夜辗转难眠，不断地对自己说："他一定会对我不客气。""我明天该怎么办？"天亮之后，她的状态比前一天更糟，只好请病假去看医生。这一天可以不用见到老板，这令她的心情稍微平静了一些。但接下来的日子她还是必须回去上班，想到这一点，她就愈发紧张。

潘多拉的情绪关键词：

高度敏感

容易恐惧、紧张

焦虑型依恋

害怕冲突

回避倾向

容易沉溺在情绪之中

贝尔纳多

他一如往常地去上班，并按照日常安排工作。老板对他大加责骂（很明显，这个人需要一个借口来发泄怒气），而贝尔纳多则依照自己平时的方式，把一切不适感往心里吞。他以为自己没有感受到的那些情绪，其实都依旧存在，只是被他埋得太深以至于没意识到而已。然而几个月下来，他的头痛不断加重，每天早晨醒来都感到非常严重的偏头痛。他用多吞一颗止痛药来解决问题，然后不断思考自己为何会头痛，以及医生们为何找不到病因。当然，他并没发现自己的头痛和那天被老板责骂有关。

贝尔纳多的情绪关键词：

压抑情绪

与情绪脱节

躯体化症状

回避型依恋

阿尔玛

她会被羞愧困住。当她在客户面前被老板责骂时，简直羞愧得想钻到地洞里躲起来。这样的羞愧感使她整天不断地责怪自己做错了事（她并不会想到问题出在老板身上）。当然，她不会告诉任何人发生了什么事，虽然偶尔也会想要向其他人倾诉，但她会立即否定这种想法，她宁可不让任何人知道自己有多么的糟糕。阿尔玛的朋友很多，但通常她都是聆听别人烦恼的那一方。她告诉自己，不要拿自己的烦恼去打扰别人。在这糟糕的一天当中，她非常难过，但尽量不让任何人发现，然而，她内心的不适感却不断增长。她的处理方式就是下班后直接回家，躲进房间，放下窗帘，吃颗药，然后躺平，不再多想。但夜里她会做很可怕的噩梦，然后不安地惊醒。

阿尔玛的情绪关键词：

过度自责

内部归因

创伤经历

反刍思维

否定情绪

缺乏表达与沟通

马提亚尔

热水器坏掉时他非常生气，因为他受了惊吓，更因为他向来不喜欢意料之外的事。对于马提亚尔来说，能够“掌握一切”是非常重要的，但热水器的意外一大早就打乱了他的安排。而且技术人员没把工作做好，没来维修，这让他难以接受：“人们怎么可以不把自己的工作做好呢？”他虽然生气，但控制住了自己，用最快速度把家里所有的事情处理好，把东西都装回去，然后准时去上班。他跳过了那些在他看来不太重要的事，所以没吃早餐。到公司后，他照常工作，用最好的态度服务客户，因为对他而言，工作是第一优先级。所以当老板像责骂其他人一样责骂他时，他为自己的付出感到深深的不值。他开始感到悲伤，但不愿在人前表现出来，所以他忍了一天。他越压抑自己的感受，就越感到晕眩，然后心跳开始加快，接着胸口开始刺痛。老板发现他不舒服，担心地看着他，叫他提早下班，并建议他去看医生。当然，马提亚尔并没有去，他觉得那样做很蠢。到家后，他咒骂了一下热水器维修人员和自己的老板，就上床睡觉了。他度过了非常糟糕的一晚，隔天起床后心情变得更糟了。第二天，他一大早就接待了热水器维修人员，批评他不够专业，之后就像平时一样准时去上班。

马提亚尔的情绪关键词：

控制情绪

外部归因

“应该”思维

固执僵化

难以面对不确定性

躯体化症状

索利达

她一早起来就迫切地希望发生一些好事，然而，热水器事件发生了，她将其理解为宇宙给她的某种信号：告诉她好事不会发生在自己身上。带着这个想法，她无精打采地去上班，根本提不起劲去服务客户。当然，老板也因她对工作的不在乎而责骂了她，使她的意志越来越消沉，她觉得要上一整天班简直是在受罪。到家后，她瘫在沙发上，在一个又一个无聊的电视节目间胡乱切换，直到很晚都没睡，因为她不想从沙发上爬起来。她一边这样做，一边在脑袋里不断思考着自己毫无意义的人生，心情更加低落。第二天她精疲力竭地醒来，什么事都不想做。

索利达的情绪关键词：

抑郁倾向

受害者心态

内部归因

隔绝情绪

不懂求助和倾诉

自暴自弃

伊凡

他对热水器的事非常生气，他咒骂了制造商、销售员和热水器本身。当维修人员告诉他无法赶到时，他便在电话中破口大骂，发泄愤怒，随后又开始重述整件事的经过，结果越讲越生气。当轮到他自己被老板责骂时，老板刚讲出第一句批评的话，他立马跳起来反驳老板（准确地说应该是他在向老板发怒才对）。在一来一回当中，两人的怒气逐渐上升，最后伊凡直接把手中的东西用力往地上一摔。他愤而离开公司，老板则在背后对他大吼，叫他以后再也别想回来。伊凡也毫不示弱，他大骂回去，叫老板自己走着瞧。他花了好几个小时才把怒气降下来，然后才想到丢了工作是没办法维持公寓开销的，后悔自己不应该有如此过激的反应。想到这里，他的怒气又上来了。他对这一天做出了总结，那就是：他的老板是个白痴。由于心情迟迟无法平静，他决定和同事们出去喝几杯。几杯过后，他和一位路人莫名打了起来，最后满身伤痕地回到家，整个人几乎被压力掏空。在疲劳和酒精的共同作用下，他终于睡着了。第二天醒来，他感觉自己整个人像是被压路机碾过一般。

伊凡的情绪关键词：

冲动易怒

无法控制怒气

放任情绪爆发

外部归因

酒精依赖

以上这几个故事的起点都相同，但故事的走向却完全不一样。在第一个故事中，露西亚很好地面对了压力，把糟糕的一天变成了一种动力，推动她改善自己的生活，追求自己所喜欢的事情。最终，这糟糕的一天对她产生了有益的效果。而在其他任何一个故事中，人们的情绪处理方式都是在火上浇油，使不适感加倍地增长和延长，如果这样的状况持续累积，长期下来便可能导致严重的情绪问题。

事实上，这些日常生活的状况，最容易影响我们的情绪状态。正如我们所见的诸多案例，当人们带着白天的负面情绪入睡，如果晚上没能消化，第二天醒来就会有某种程度的“基本负担”。虽然这不是我们生命中最糟的一天，却可能是压在骆驼身上的最后一根稻草。

处理自己的情绪，使它不留残渣，是一件很重要的事。除此之外，逆境能让我们盘点自己所拥有的情感资源，让我们有机会去演练情绪调节机制。某天，当我们遇到生命中更大的考验时，完善的情绪调节机制就能让我们更有抵抗力。可以说：**比起故作刚强，或自以为能掌握一切的人，那些能够接受自己情绪的人才是更坚强的**。

我作为心理治疗师的工作，其中很重要的一部分就是了解人们的问题，帮助人们洞悉自己的情况，找到使自己陷入困境的原因。这些情况是由情绪本身以及我们对这些情绪的不满共同构成的，我们别无选择，只能与它们共处。

近年来，通过各项研究，我已能深入分析人们如何感受、如何反应的复杂机制。科学研究所贡献的数据量非常庞大，人们正以非常不同的观点和方法来观察情绪的议题。虽然我们的发现越来越多，但对于神经系统的所知却仍然不足。然而，了解这些发现，能够帮助我们有根据地审视自己的情绪如何运行，以及我们对情绪的反应会带来哪些效应。

在本书中，我会参考一些研究报告，尽量举一些生活中实际的、具体的例子，希望能帮助大家提高管理情绪的能力。

2

情绪“打结”了，怎么办？

情绪的世界很复杂，但也有一些简单明了的基本运作规则。只要我们让情绪流动，它们便能自然平衡。因为情绪会按照神经系统附带的调节系统运行，而这一切通常是在潜意识层面发生的。可以说，**我们的身体具有一种天生的智慧，具备很好的自动运行能力**。如前所述，当我们有意干涉这个调节机制，试图改变情绪的运作规则时，就最容易产生问题。所以要学会调节情绪，重点并不在于练习放松的技巧或者学习冥想，虽然这两者对我们都有所帮助，但**更重要的是停止做那些有可能损害自己的事情**。

那么，为什么我们会对情绪做具有反效果的事情呢？人们往往会把简单的事情搞复杂，但并不是刻意为之。很多时候，我们会无意识地重复自己所学到的东西，即使效果不好，潜意识还是会运用这种模式。另一个可能的原因是，许多调节方法一开始看上去有用，随后却会带来问题。因此，让我们先来看看人类是如何破坏自己与情绪的关系的，这样才能知道该把焦点放在哪里。在后面的章节中，我们会不断地深入这个主题。

麻醉情绪，是没有用的

当身体疼痛的时候，我们就会想办法去除痛感。这个概念在医学上或许不错，但对情绪并不那么管用。有时，从自己的感受中抽离是有必要的，但如果把它变成一种习惯，就有点不妙了。这就像是我们在手术室打了麻醉药后，觉得效果很好，就开始不停地麻醉自己。如果我们不关注自己的感受，就无从了解自己的内在世界，也无从了解他人。这种情况也可能在某些特定的情绪上发生，且造成问题。因此，我们必须注意自己的感受。不踏出这第一步，后面的步骤都将无法进行。

这就是我们前面看到的贝尔纳多身上所发生的事。面对老板的责骂，他忍气吞声、假装没事。贝尔纳多与自身情绪的隔离，是在潜意识层面发生的，他在情绪还没冒出来之前就把它给压下去了。他几乎无法意识到这一切，所以他从来不会认为自己活在情感隔离的状态中。头痛是身体给他的预警信号，但是没有情绪的密码，他便不知该如何解读这些不适感的含义。

高敏感不是问题，如何调节才是关键

有些人非常敏感，他们会强烈地体验情绪，也很容易和别人的感受共鸣。只要我们能接受这样的自己，就会明白高敏感并没有什么不好。高敏感的人总想学习各种有助于调节情绪的方法，但其实情绪上的敏感度也是有许多优势的。他们比情感隔离的人拥有更多的资源，至少他们能清楚地意识到自己的感受。

在前面所提到的人物当中，潘多拉是最符合这个特质的人，但情绪敏感并不是她真正的问题。真正的问题是，当她的情感强度越大，她的不适感也越强。阿尔玛也很敏感，她从小就非常胆小、内向，随着年龄的增长，她并没有太大的改变。伊凡也有相同的问题，但他的模式完全不同，他的问题源于不能控制愤怒与冲动，这会让事情变得更糟。

我们不能，也不应该改变自己的性格。敏感、害羞或冲动的性格本身并没有什么不好，我们只是需要学习调节情绪的方法。

我们不用被情绪左右

或许有人觉得，情绪是我们完全无法左右的东西，如同我们面对极端的天气无计可施一样。甚至，有时有人认为情绪不仅无法控制，甚至连尝试遮蔽的机会都没有，就把我们淋成了落汤鸡。情绪一来，我们就被它带着走。有些人在情绪的“雨天”直接选择不出门，但并没有像露西亚那样好好地享受沙发和毛毯，而是哀叹着恶劣的天气把我们强行困在家中。

虽然我在本章的开头曾说过，人们最大的问题是试图去干涉情绪，但就如前面分析露西亚如何把“糟糕的一天”变成“有益的一天”那样，我们面对自己的感受时，确实有很多事可以做。事情的关键在于，不要去尝试不可能的事情，或适得其反的事情。这一点非常重要，在接下来的章节，我们会继续了解情绪如何运作，以及面对情绪可以做什么，不可以做什么。

在前面提到的几个人里，潘多拉和索利达都有这方面的问题。潘多拉非常敏感，当不适感出现时，她觉得自己完全没有办法应对。她没有意识到，她其实也对自己的情绪做出了反应，只是这些反应并没有让她感觉好一些，反而加剧了焦虑。她开始想象第二天会变得多么糟糕——这一天已经相当糟糕了，她还要用根本没发生的问题来困扰自己。她也尝试着回避问题，这能让她暂时减缓压力，但当她不得不去面对问题的时候，就又被困住了。忧虑和回避是增加我们情绪困扰的两大推手，因此潘多拉感到非常难受（这种反应甚至和她的高敏感特质无关），她的“糟糕的一天”会变成“糟糕的一周”，甚至更严重。

索利达也没对自己的情绪状态做什么改善的事，但我们可以看到，问题并不在于她会难过，而在于她会渐渐崩溃。她就像是一个小孩，放任自己从情绪的滑滑梯上滑下来，完全不去扶扶手，在摔倒的时候还会把问题归咎于一些负面的想法，然后把自己再度往下推。这种自暴自弃的倾向对她毫无帮助，她必须学会改变。

赋予感受以意义，是关键的一步

你觉得自己的感受有意义吗？如果你的回答是否定的，那你可能需要在这方面多做一些功课。

情绪之所以会出现，是有原因的，可能与正在发生的事情有关，或与过去的创伤经历有关。赋予我们的感受以意义，对于情绪系统的运行非常重要。如果你解不开情绪的“密码”，也许就需要学习如何把身体的感受与情绪联结起来，理解触发情绪的因素，或是意识到那些隐藏的情绪。这些都可能是我们所缺少的关键线索。

许多人都有这样的问题：无法把周围的事和自己的感受联结起来。在前面的例子里，露西亚拥有最好的情绪调节方法，她能清楚地辨识自身感受的意义及其触发原因，因此能较好地解决问题。潘多拉过于彷徨，以至于无法有效地思考。索利达不会对自己的情绪做任何分析，因为她觉得那样做没有意义，但她也就此放弃了更多的可能性。

贝尔纳多大概是上述所有人里，最有可能觉得情绪分析毫无意义的人，因为他完全没有意识到自己的感受：他的情绪和自己的意识离得太远了。阿尔玛总是觉得问题和错误都在自己身上，即使是他人的责任，她也往自己身上揽。马提亚尔和伊凡则完全相反，他们总是觉得外在环境有问题，所以解决问题也是别人的事，他们没有看到自己的责任，也没有留给自己任何改善问题的空间。

情绪是如何“打死结”的？

有时候，某些情绪是由其他情绪所衍生出来的。阿尔玛总是为了自己身上发生的事感到羞愧，这种羞愧感让她受不了，以至于她会自责，让自己变得更难过。潘多拉会害怕自己的情绪，而这种恐惧会放大原先的情绪，导致她的想法离事实越来越远。马提亚尔觉得心情不好这件事很麻烦，因为他的控制欲太强了，他会通过强行压抑的方式来处理他的不适感。

我们不恰当的情绪调节方式，加上情绪所衍生的情绪，会构成情绪系统中最复杂的“死结”。在学习任何一种情绪调节工具之前，马提亚尔、阿尔玛、潘多拉以及其他所有人，都必须学着允许自己体验自己的感受。若我们不允许自己的感受存在，那么后续的情绪代谢过程便不会发生。

痛苦与感受无关，而是与如何处理有关

有些人很痛苦，并且认为痛苦来源于自己的感受。然而，事实并非如此，痛苦和他们的感受无关，而是和他们对感受的处理不当有关。**情绪是我们生活的一部分，而且是必需的；但痛苦是我们附加上去的，也是可以改变的**。

有的人可能不太会感受到痛苦，但和别人一比较，他们会奇怪自己的情绪运作方式怎么不太一样，甚至别人可能也会这样评论他们。其实，敏感度低也没有错，低敏感度和高

敏感度的人都一样健康，只是不同的人拥有不同的生活模式而已。保持良好的情绪平衡，并不意味着每个人的情绪运作方式都必须一模一样，并且每天都处于相同的状态中。但是如果我们发现低敏感度对自己不利，是可以学着加以调整的。

也许在本书开头的人物中，潘多拉是最清楚自己会情绪超载的人，她会怪自己太敏感，并且认为这是一种缺点，却没有意识到这种想法对自己多么的不利。贝尔纳多永远都不会认为自己有情绪问题，事实上，他认为自己是非常冷静的人，以为只有像潘多拉那样的人才会有情绪问题。伊凡则处在中间，一方面他把所有的问题都归结于老板身上，但另一方面他也会对自己的反应感到不舒服。

解开情绪的死结，需要慢慢观察

想要解开一个结，必须慢慢地观察，看看它是由几根线所组成，从哪里开始缠绕在一起，又是怎样缠绕的。在所有这些细节中，最重要的是知道首先要松开哪一个线头，待第一步完成后，再把其他线头一一松绑，一边做，一边了解这个死结是如何形成的，直到完全解开。在这方面，解开情绪的结与解开真正的线结是相同的：用脚踩踏、用力拉扯，都无济于事，它不会因为我们置之不理而自动解开，更不会因为我们辱骂它而解开。

在后续的章节中，我们会看到情绪系统是如何运作的，以及它有可能在哪里卡住。理解自己身上发生了什么，不仅对于改变我们的情绪感受模式很重要，而且对于情绪有一种非常积极的效果。**情绪喜欢受到关注，喜欢被理解、被充满好奇地看待**。这个案例中的每一位主角，都可以改变自己的情绪调节方式。

这项工作需要耐心，需要不断地学习和重复演练。有时，在这个过程中，我们会需要别人陪伴我们、和我们互动，或是需要专业人士给我们指点。这条路很漫长，你不必坚持让自己一个人走，也不用因为你所尝试和练习过的技巧看起来不管用，或治疗暂时无效而担心。请记得，每一次尝试都是一个全新的机会。

3

迈出第一步：允许自己去感受

面对生活中各种困难情境所带来的负面情绪，我们该束手就擒吗？还是应该尽可能地避免那些不愉快的感受呢？这个选择并不容易，因此我们经常寻求虚假的解决方案，而没意识到它们所带来的后果。

我们可以说，**在现代社会中，幸福的价值被高估了**。获得幸福，并且让人看见自己多么幸福，似乎是每个人的欲望。绝大多数的广告都在向我们宣扬幸福就是某种特定的车型、迷人的旅行或完美的房子，社交网络上遍布的充满笑容的自拍、诱人的美食及美景。父母努力让自己的孩子活在幸福中，尽量避免他们遭受任何形式的不适与挫折。我们似乎迷上了永恒幸福的幻象，然而真实的生活却只不过是平淡的日子、普通的人际关系，以及勉强可以让我们撑到月底的工作。矛盾的是，**当我们对幸福上瘾后，体验到的却是持续的不满足**。

在本书开头的案例中，索利达就经历了这样的情况。我在咨询中碰到过类似的个案，发现来访者的父母就无法处理好自己的情绪，当然也没有能力教导孩子如何处理情绪。索利达的父母从来都不知道她是否真的难过，当她像一般的孩子那样发脾气时，他们的关系就会变得很差。

让孩子快乐起来，是这些父母的执念。索利达的母亲试图帮女儿摆脱挫折与不满，目的就是希望女儿过得好。当索利达还是孩子时，遇到任何问题总是会向母亲求助，而母亲的回复总是：“没事的！”“别哭。”“别这样。”问题在于，索利达的负面情绪即便不受欢迎，却还是滞留了下来。她逐渐明白，当自己有问题时，向父母诉说并没有任何意义，所以她只好用自己的方式去面对。她开始把悲伤和孤独联结起来，而这种感觉越来越明显。如今，当索利达感到悲伤的时候，她不知如何像露西亚那样找人倾诉。她只会把自己困在孤独中，自暴自弃。

感受情绪，不管它是好是坏

这种否定或消除痛苦的倾向，不仅仅和家庭教育有关，也可以归咎于文化环境。在精神科，我们会看到有许多人前来寻求减轻痛苦的方法，这些痛苦是他们生活的一部分，但在这之前，他们并不觉得这是一种病。的确，过去的医疗都是在没有麻醉的情况下进行的，能够无痛地进行治疗是现代医学的一大优势。但或许因为减缓身心疼痛的资源越来越多，所以我们文化当中对于痛苦的忍受度降低了很多。事情到了极致，就使我们的情绪功能产生了问题。一个典型的例子，是我们如何面对亲人的离世：我们已不再认为死亡是自然的事，也不再像过去那样公开悼念，人们在越亲的人面前越不愿显露哀伤，以免其他人也跟着悲伤。相比之下，前几代的人在处理这方面的事情上反而更有智慧。

我们的身体所展露出的情绪中，不愉快的比愉快的多，这意味着负面情绪对人类而言更为重要。事实上，负面情绪对我们适应环境以及保护自己至为重要：当我们感受到不愉快的情绪时，便会对那些刺激我们的人、事、物（通常都是对我们有害的）做出适当的反应。恐惧会告诉我们有危险，因而我们才能保护自己；一旦感觉安全，我们的恐惧就消失了。如果没有这些不舒服的感觉，我们将暴露在风险之中，生存也会受到威胁。

不管这些感觉是多么让人愉快或者不愉快，隔离自己的感受都不是明智的选择。明明活着，却不和自己的情绪接触，就如同穿梭在一个没有光、没有色彩的迷离世界。在这个世界里，所有的风景都是相同的，没有色差也没有对比。的确，这样我们永远不会被阳光刺伤眼睛，但同样体会不到阴凉的滋味。我们不会知道什么是惊讶，不会区分美丑，也感受不到兴奋。除此之外，抹除情绪的世界还会让我们暴露在危险之中。每一种情绪都有其作用，且对于理解这个世界，以及和他人有效互动至关重要。

情绪虽然如此运行，我们却未必对它有准确的认识。在生活中，偶尔停下来思考自己对于情绪有什么样的信念是很重要的。很多人对于情绪的信念都与现实不符，更糟的是，在许多情况下，当我们想要做出改变的时候，会受到这些信念的阻碍。下面就是这类信念的典型例子：

- 我无法改变自己处理情绪的方式。
- 我如果改变了自己感受的方式，我就不再是我了。
- 我如果不能控制情绪的话，会变得一团糟。
- 我如果允许自己有感受的话，就会变得很脆弱，其他人会趁机利用我。
- 我不需要做任何改变，是别人需要改变。
- 如果其他人不改变，我就无法改变我的感受。
- 我感受情绪的方式都是我爸/我妈遗传给我的。
- 我不想感受我现在的情绪。
- 如果可以选择的话，我宁可什么都感受不到。

要想改变，我们不只需要看到情感自然流露的价值，更需要看到，如果不这么做的话，连我们感受的方式都有可能变得不一样。感受到某种负面情绪，并不会使自己暴露在风险之中。相反，它能为我们提供某些必要的信息，让我们更好地保护自己。人有一部分的感受是可以学习和发展的，而改善情绪处理的方式，能让我们更安全、更有效地自我调节。

如果索利达学会接受自己的悲伤，学会自我安慰及寻求慰藉，她的心情就会得到改善。如果阿尔玛能够感受自己的羞愧，而不是想尽办法避免它，那么她的羞愧感将会自动淡化，不再成为一种困扰。如果潘多拉能够正视自己的恐惧，她的焦虑将会减少。贝尔纳多的路更漫长一些，他得学会认清自己是有情绪的，学会情绪的语言，并与之交流。如果马提亚尔能够允许自己去感受，而不是强行压抑情绪，他就能学会一种更自然、更内化的自我管控方式。就连伊凡也应该去感受愤怒以外的不同情绪，譬如他无法容忍的挫败感，或者他无法承受的侮辱感，针对这些情绪做一些工作，使它们无须通过发泄愤怒便能消化。总之，他们所有人都应该学着去感受。

短期有效的解决方案，可能带来新的问题

对于很多人来说，能够安心地流露情绪并且去感受它们，同时使其发挥有益的效果，并不是一件容易的事。他们会觉得自己做不到，还是直接投降算了。到了这个程度，情绪似乎已难以掌控，而且只会造成痛苦，所以我们不得不求助于神经系统的备用机制。当情绪超出负荷时，我们可能会这样做：

- **放任情绪爆发：**在所有经历糟糕的一天的人物中，索利达和伊凡是最可能有这种反应的。索利达让自己的悲伤泛滥，伊凡则让自己的怒气爆发，直到无法收拾。潘多拉觉得自己完全无法掌控焦虑感，她的情绪没有得到处理，而她担忧和逃避的倾向又为她种下了一颗有害的种子。
- **将情绪按下去：**有时在情绪还没冒出来之前，或是当我们无法阻止它冒出来的时候，一旦发现苗头，我们就会把它

给关起来，即使情况已经糟糕得不行，也不愿流露自己的感受。比如贝尔纳多，大多数时候他根本没意识到自己的感受，而当情绪浮现出来，他会把它按下去，告诉自己：“没关系，没事的。”

- **转移注意力：**想点别的事情，或逃离相关的人物或情境，以避免陷入负面情绪中。潘多拉和阿尔玛是最常使用这种机制的人。潘多拉选择不去上班以避免焦虑，阿尔玛则选择不去谈论以避免尴尬。
- **严格控制情绪：**规定自己该感受什么，不该感受什么，然后在情绪不受控制的时候严厉地自我谴责。马提亚尔便是如此，他完全不会考虑自己制定的规则有没有用。对他来说，“不控制情绪”这个选项根本不存在。
- **选择另一种情绪来应对：**比如，当我们感觉自己快要被悲伤淹没的时候，可能会用生气来掩饰。阿尔玛的悲伤和这个机制有很大的关系：羞愧感是她竭力逃避的第一个核心情绪。这种情绪在阿尔玛没有觉察的情况下，就滋养了很多不利于她的想法，使她越来越痛苦和忧郁。

虽然以上策略都显示了人类大脑的丰富资源，却不是最有效的调节系统。这些处理情绪的方式，从短期和长期的眼光来看，有着非常不同的效应。**它们在当下或许能提供一个解决方案，但随后又会带来新的问题。**比如说，回避某种感受能让我们在当下感到舒服一些，当我们为一个问题所苦恼时，可能会告诉自己：“我明天再来思考吧。”于是我们的大脑（如果它决定听我们使唤的话）就不再思考那个问题，烦恼便立即魔术般地消失。但重点是，那个问题没有被分析，也没有被解决。等到明天我们需要去面对它时，它已经变得更严重了。而若是我们总把困难留到以后解决，问题就会在我们内心不断地累积、不断地增长，像滚雪球一样。到了那个时候，“我负荷不了自己的情绪”这种信念会更加坚定，而我们不会意识到，这一切都是自己的回避所造成的。

潘多拉在那天的事件过后，就没能再回到公司。她一想到要回去上班，就愈发感到痛苦。当她逃避上班的想法或情境时，痛苦马上得到舒缓，但这种舒缓只是暂时的。她向医生寻求帮助，想要彻底去除焦虑，却没有学会如何使自己平静下来、不再紧张，最后只能一再加大用药剂量，但即便这样，效果还是很有限。她的担心倾向已经预告了自己永远不会康复。她不断自问：“为什么这些事情会发生在我身上？”并为自己做了最悲惨的解释。为了解除她脑中的“大雪球”，潘多拉必须认清为什么会发生那些事情，学会引导自己的想法，逐渐面对自己的恐惧。但这一切要到很久以后，当她意识到原来的方法无法帮助自己时，才会发生。

还有许多其他方法也是短期貌似有效，长远来说却有很多问题。贝尔纳多似乎没有遭受太大的痛苦，如果有其他人对他说他看起来很忧心忡忡，他会回应道：“不，我很好。”他语气坚定，使人信服，然而他的头痛就是他压抑情绪的后果，而压抑是最有问题的情绪调节方式之一，会带来许多心理和生理方面的问题。当我们像马提亚尔那样控制自己的情绪时，当下看似乎是在调节情绪，实则不然。有时候我们会告诉自己的情绪：不要发作，不要显露出来；而它们也似乎会听我们的。但情绪常常满溢出来，甚至有时会反抗或爆发。若非如此，我们所承受的巨大压力就会压垮我们。马提亚尔花了很多精力来改变这个行为模式，因为对他来说，放下掌控权就如同掉进彻底的混乱之中。

这些适得其反的方法有另一个大问题，会在人际关系中出现。例如：如果我们逃避或掩埋悲伤，或许可以回避让我们伤心的人或者让我们悲伤的情境，但其他人可能会解读为我们不在乎，或我们是冷漠和自私的人。如果我们难以忍受孤独，就会很容易迷上社交媒体，让获得点赞数变成生活主要的原动力，以期填补难以承受的空虚感。

如果我们能联结内在的情绪，了解其来源，就能更有效地调节它们。但如果我们都试图想尽办法逃避感受，就等于没有给自己学习与成长的机会。

情绪平衡，是可以训练的

身体健康运转的基础在于平衡，也就是所谓的体内平衡。我们体内有许多个温度感受器，它们的任务是保持体温、血糖和许多其他参数的稳定性。大脑也是如此。我们在本章开头所提到的那些信念都有一个共同点，那就是：它们都会破坏这个平衡系统，使得一些情绪无法平衡，无法自然流露，无法在我们的日常生活中正常地演化。想象一下，我们在大海中航行的时候，不可能告诉大海它该怎么流动，海浪该有多高，潮流该往哪儿流，潮汐该有什么样的节奏。我们都知道这样的想法很荒谬，但奇怪的是，我们就是这样对待自己的情绪的。

这些方法最大的麻烦是，如果持续不断使用它们，我们情绪平衡系统只好被迫执行指令。若长期处于高度压力下，大脑有可能会加速运转以达到新的平衡点，并习惯停留在那里。而当情况解决后，大脑将不知如何回到原先的状态，不知如何放松，我们便会持续处于紧绷状态。潘多拉就是这样，那个糟糕的日子使得她在之后几个月中都处于持续焦虑的状态。

然而，也有可能发生相反的状况，比如：一种慢性疾病导致的长期疲惫，可能致使温度感受器失效，即便原先的疾病已经解决，我们仍停留在倦怠的状态。索利达的情绪运作模式就容易产生这类的问题，当她感到疲惫低落时，她不知如何让自己振奋起来，反而更加沮丧。如果我们不重新训练自己的情绪平衡系统，重新教它“克服惯性”，学会该放松时放松、该振作时振作的话，那么我们在健康发展的道路上将无法顺利前行。

情绪运作模式是可以被重新训练的，但需要时间和耐性。神经系统需要找到新的平衡点，并保持在那里。学习改变这些行为模式，等同于学习一种全新的语言。虽然语言学习需要多年的努力，讲自己的母语或从小学习的语言对我们来说比较容易，但只要愿意投入时间和精力，人们便可精通他们想要学习的任何语言。

起初，我们可能连最基本的词汇都不会，只会说自己心情“好”或“不好”。我们无法分辨自己是处在愤怒还是悲伤、不满中，也有可能找不到使自己平静的方式，每一次的尝试都只会带来更多沮丧。但没关系，成为情绪的专家，并不比精通一种语言、学会一种绘画技巧或是用乐器演奏一段旋律来得困难。其实，不管是情绪还是艺术相关的事情，多半都是我们的右脑在处理；左脑则更多与逻辑、语言之类的事务有关。

4

想法对了，
情绪也就对了

心情好或不好，并不仅仅与情绪有关，而是内心的情绪、身体的感受与头脑中的思想综合起来，共同引发的一种状态。只有懂得分辨其中的成分，才能了解自己到底是怎么了。这就好像我们玩拼图游戏的时候，要先把每一块拼图朝上，把颜色或形状相近的集中起来，再将处于图片边缘的拼图与中间部分的区分开来。我们对待情绪时也需要经历类似的过程。

情绪状态的“风景画”

如果我们把情绪状态想象成一幅风景画，那么天空和云朵就是我们的思想。它们飘浮于我们的情绪和感受之上，且具备彻底改变当下景观的能力。如果这些思想是负面或悲观的，它们就会告诉我们：我们掌控不了情绪，或者，情绪会带来可怕的后果。反之，如果这些思想是有建设性且实在的，我们便能接受自己暂时的负面情绪，进而去探索这种情绪对于自己的生活具有什么意义，以及我们可以对它做些什么。

思想可以改变情绪的调性，就如同在乌云密布或晴空万里的天空下，我们所见到的草原与大海都大不相同。有时候，我们不知道天空中有没有云，因为我们的视线从来没有离开地面——有时候想法就在那里，我们却没有察觉。我们对它如此习以为常，如果不是有意去觉察，可能会以为自己什么都没在想。

本书开头的案例中，故事主角们的想法是这样的："就快要下班了"（露西亚），"还能怎样呢"（贝尔纳多），"我受不了这种痛苦"（潘多拉），"我真糟糕"（阿尔玛），"我处理不好自己的生活"（索利达），"我做了这么多，他怎么可以对我说这些"（马提亚尔），以及"这家伙是个浑蛋！他自己会发现的"（伊凡）——这些话并非他们真实的感受，但对他们的情绪具有强大的影响力。

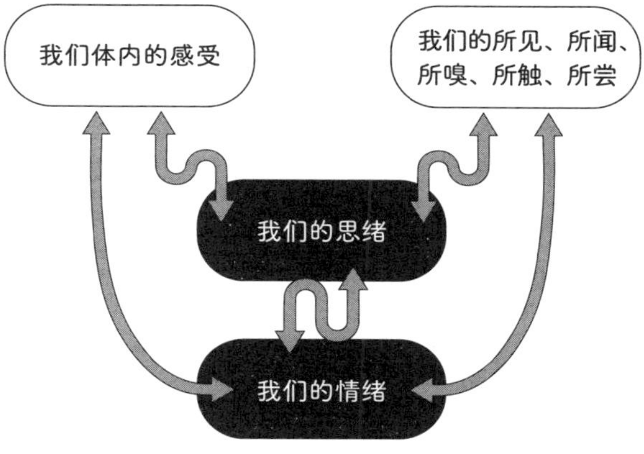

思绪、情绪以及身体感受的交互影响

在这幅情绪状态的风景画中，身体的感受就像我们脚下的大地。任何情绪都会在身体中产生反应。愤怒通常和肌肉紧绷有关，你会准备打斗、拳头紧握、下颚紧绷。恐惧会刺激身体，使心跳加快，双腿随时准备好逃跑。厌恶感会带来一种让人想吐的感觉。羞愧感会使我们低头、缩肩来保护自己不受到他人目光的注视，并遵循社会的规范。快乐会使我们的眼睛发亮，激发笑容，让我们的身体向他人展开。悲伤会使人流下眼泪，允许他人来接近我们并给予依靠。

有时身体的感受更为复杂，会和我们当下所经历的特定情况相关，或者是和个人特有的感受相关。脚踏实地的生活在任何情况下都很重要，而当牵涉情绪时，将它与身体联结，相当于让情绪“扎根”。若我们只关注情绪本身，不去注意身体的感觉的话，就相当于脱离了脚下的大地，得不到任何切实的结果。大脑当中有些区块负责身体的感觉，另一些则和反射系统有关，它们彼此联系在一起，任何一个区域都无法独立运作。如果它们之间的交流稳定，情绪便能得到平衡。

我们的感知既可以是内在的，也可以是外在的。外在的感官有五种：视觉、听觉、嗅觉、味觉和触觉。它们会激发我们的思维与情绪，让这一切产生意义，并使我们做出内在的反应（比如饿了就想吃，困了就想睡）与外在的反应（关注感兴趣的事物并接近它们，或当遇到潜在的危险就立即离开）。但是，情绪也会影响我们的感知与思维。例如，当我们受到惊吓的时候，会更加关注潜在的威胁；当我们悲伤的时候，想法会变得比较消极。

上述故事中的主角们都是如何感知自己身体的感受的呢？我们会看到，露西亚能察觉到自己细微的身体变化，且能够将身体的感觉和情绪的感受相联系。潘多拉过度关注自己的感受，聚焦在自己的心跳有多快、呼吸是否困难，而这些状况让她更加忧心忡忡。相反，贝尔纳多从不关注自身的感受，要是我们问他感觉如何，他会坚定地说“没感觉”。马提亚尔只活在自己的理性世界中，唯有当那些感觉严重干扰到他时，他才会察觉。即便如此，他还是觉得自己不该有那些感受。阿尔玛很清楚自己的情绪，伊凡却过度关注别人所做的事，无法往自己的内心看过去。阿尔玛会因自己的感受而停顿下来，伊凡则选择了直接行动。

情绪能联结到思想和身体两个层面，就像是这幅风景画中的地平线，它是身体和思想相连的所在。当我们感觉到某种情绪时，身体会做出特定的反应，表现出态度，然后脸部便会显现相对应的表情。此外，我们会思考这种感觉，并为其赋予含义。

在生活中，我们穿梭在不同颜色、气候、温度的景观中，是情绪将这一切联结起来，赋予它们意义，导引我们的行为举止。

情绪、心情、性格和精神状态的区别

有一些概念虽然容易和情绪搞混，但其实是不同的。

例如，心情的基础是**情绪**，但心情是由不同程度的情绪、思想与反应所交叉构成的。

另一个重要的概念是**性格**，它是个人如何感知的生物倾向。有些人较敏感，有些人较冷漠，也有人较容易紧张、冲动或者较倾向于自我反省，无论他们在哪个家庭出生，或有过哪些经历，这些倾向都不会改变。然而，正如我们所见，这些先天的性格可以通过阅历与人际关系来做大幅度的调整。

最后我们来聊聊**精神状态**，它是一种长期的倾向。情绪会依照当下所发生的事情而改变，但精神状态却可以从几小时持续到几年。

思想、情绪与身体的感觉，是在特定情境下所产生的不同层次的概念，它们彼此关联。我们可以经由成长的过程学会不同的能力。新生儿只会调节身体机能与睡眠，将近三个月的时候，他们开始学会平静下来，而快到两岁时，他们已经能够专注于某些事情了。这些身体调节系统如果没有建立好，整个情绪调节系统就将建立在薄弱的基础上。

在后面的章节中，我们将进一步看到情绪调节是如何发展的。请记得，整个发展的过程都是可以重新学习的。虽然成年人得花更长的时间来学习，但确实有很多方法可以帮助我们让情绪更健康地发展。

5

如何驾驭情绪的马儿？

可以把情绪想象成一匹马：骑一匹马，不仅仅是坐上去那么简单。首先我们必须得喜欢马，要是怕马，就根本不愿意爬上去，而在不得不骑时就会紧张恐惧，无法享受旅途，只想尽快从马背上下来。同样，如果我们害怕自己的情绪，就无法调节它。情绪是我们必须学习的功课，因为有些情况不通过情绪是无法好好解决的。甚至可以说，情绪是我们在某些事情上最好的交通工具。所以务必消除对情绪的恐惧。

假设我们已经把恐惧放在一边了，骑上了马，它可能疾驰狂奔，也可能静止不动、仰天嘶叫或悠然漫步。这时候，我们是要被它带着跑，还是要抓起缰绳开始驾驭？马可不像汽车那样，只要把方向盘转上几度，它就会跟着往左或往右转。骑士和马的互动是更加微妙的，需要通过手势与默契进行交流，相处的时间越长，就越能够培养彼此的默契。同样，学习调节自己的情绪，并非熟记配方与技巧就可以做到，而是要学习和自己的感觉沟通，意识到自己的思维以及它对情绪状态的影响，然后，根据对我们最好的情绪调节方式，去调整思维或感觉。

在这个过程中，我们难免会遇到困难、挑战和问题。我们必须越过障碍物，急速奔跑，偶尔也需要走在悬崖边缘，当暴风雨来袭时，雷声也会惊吓到马匹。这是考验我们身为骑士的技术的时刻，我们得在马儿受惊时保持镇定，冷静思考，从而走出困境。或许你觉得自己调节能力还算不错，但唯有当生活中频繁出现困境时，才会感受到真正的考验。

如果我们被某些情境所困，可能会求助于自身的急救系统，但如果外界情况持续不变，那么任何系统（不管它再怎么有效）都有可能到达极限。这时我们可能会从马背上摔下来。有时是我们自愿下马的，因为已经筋疲力尽，于是便让自己回到不会激发我们任何情绪的事物当中，躲进美丽的肥皂泡里，与外界隔绝，或者故意做一些麻醉自己的事。或许我们不愿再听到有关马儿的任何消息，但在情绪的世界中，这个选项并不存在。当这匹名为情绪的马儿被孤零零抛在一处，没有饲料吃也没有主人和它互动时，它可能会变得消沉。而当我们某天再次需要它，它已派不上用场，甚至会完全失控，变成一头疯狂的野兽。

隔离自我或进行一些疯狂的活动，可以暂时降低情绪带来的不适感，但从长远来看，这样做有两个严重的副作用。首先，我们所试图摆脱的那些情绪会在我们内心不断累积。第二个问题是，隔离以及所有麻醉自我的方式，即便我们自己没有意识到，最终都会产生更多的负面感受。毕竟，这些都不是能够被长久使用的应变系统。每个人都需要学会和自己的情绪共处，所以，除了重新骑上马儿并学会驾驭它之外，我们别无选择。

坏情绪也很有用

在不同的情绪状态面前，人们可能会有不同的反应。当我们骑上一匹温驯的马儿时，可以悠闲地漫步；而骑上另一匹冲动、有活力的马儿时，就会感到紧张。但在真实生活中，我们终究得骑上所有不同的“马儿”，去感受生而为人所必须体验到的种种情绪。而明白每种情绪都有健康的意义，是一个良好的开始。

正如上面所说的，那些令人不愉快的情绪，都有其健康的意义所在，因为坏情绪与我们的生存息息相关。例如，恶心感会告诉我们某样食物坏了，恐惧感会告诉我们某些事情很危险，而愤怒感会告诉我们有人伤害了我们，我们得捍卫自己。同样地，有些情绪很重要，因为它们能让我们和社会融合在一起，而人类是群居动物，必须彼此扶持才能生存下去。这些社交情绪是正面和负面并存的，比如，关爱能使我们和他人联结在一起，悲伤呈现了当那些人离开我们时的感受，而羞愧感会促使我们做出合群的事情。

当我们开始思考情绪会带我们到哪里，如何应对这件事就变得很重要。也就是说，我们骑上马后，要知道自己将去向哪里。例如，当因失去亲人而感到悲伤时，寻求依靠与慰藉可以减轻痛苦，加强联系与获得归属感可以减少孤独。感到恐惧，会让我们想要保护自己；感到愤怒，我们就会为捍卫自己而战斗；快乐和享受，会促使我们追寻有类似感觉的人、事、物。只要我们愿意倾听这些情绪所要诉说的事，便能获得解决问题的方法。

相反地，如果我们不愿意前往情绪所引导的方向，情绪就会变成阻碍：恐惧使我们停滞不前，愤怒转变成无助感，悲伤会淹没我们，而羞愧感更会成为人际关系中的绊脚石。甚至有些正面的情绪也会给我们带来困扰。当然，情绪只会告诉我们大概的方向，随后我们必须在这个大方向上对它加以适当的引导。

读到这里，或许有人会不以为然，觉得某些情绪最好还是不要有，或者如果被情绪带着走，一定会做出令自己后悔的事。然而，那些让人后悔的事，其实和我们的初始情绪没什么关系，而是和我们如何处理、如何调节这些情绪有关。

情绪不是敌人，而是我们的顾问

和情绪过不去，就是和自己过不去。陷入这样的内耗，会让我们消耗了本该可以拿去面对生活的能量。也许有人会觉得学习处理情绪这件事很复杂，或者整天关注自己的感受很辛苦。然而，我们前面所提到的任何一种有害的调节方式，最终都会消耗更多的资源。过分关注自己的感受可能会引发忧郁，回避自己的感受则会导致焦虑。

除了愤怒之外，许多不愉快的情绪都和脆弱有关，因此，我们会拒绝因脆弱所带来的一切伤害。但奇怪的是，**当我们认识到自己的脆弱时，反而会变得更坚强**。我们会因此意识到自己的需求，意识到自己在意的点，然后更加小心。此外，我们将能够与他人产生更好的联结，进而建立稳定的人际关系，这通常能帮助我们在遇到事情时变得更有韧性。

人们通常很难去感受和表现自己的脆弱。因此，能够将脆弱视为一种价值，与它和解，是很重要的，如此才能改变我们的内在冲突。

相反地，愤怒和力量有关，但有一些人就是不允许自己感受它，或用它去面对自己遭遇的困境。这类人内心的交战，就会集中于这个情绪状态上。

情绪的战役一旦展开，我们便会对特定的情绪产生深深的反感，害怕体验它，或不好意思展露它。有些时候，这些反应是比较潜意识的。但无论如何，我们都必须明白这是一场失败的战役。最好的方式是签署和平协议，然后尽可能去寻找最佳的共存方式。所以别再把情绪视为敌人，而是要把它视为顾问，并且必须用对待放射性物质一般的谨慎态度来对待它。

情绪给的建议，最好乖乖听从

情绪最了解事情的含义，也最了解我们的需求。若是大脑不听、不理会情绪的建议，我们将做出可怕的决定。人类通常认为自己是靠逻辑在行事，但神经科学家安东尼奥·达马西奥（Antonio Damasio）以及许多专家都提出，人类基本上都是通过直觉来做决定的，而这些决定多半是基于身体的感受以及过去的经验，而非逻辑。我们事后才去思考其关联性和预测是否正确。一个常见的例子是，人们在争论自己的政治倾向时所用的论点，通常与当下的情绪密切相关。

有时我们会误解自己的情绪。譬如说，愤怒本该是我们在与别人发生冲突时用来捍卫自己的，但我们却往往用它来和自己作对。或许我们曾经看到过一些反面的案例，看到一些情绪或态度不佳的人没有处理好愤怒，从此我们便习惯压抑愤怒、回避冲突，以免变成和那些人一样。但当别人攻击我们的时候，我们一定是会生气的，因为这是一种防御本能。如果没有把这样的功能运用出来，坚决地说“不”，或者捍卫自己的权利，我们就会把这股怒气转向内在，进而自我批评。

在所有经历糟糕的一天的人物中，阿尔玛最倾向于这么做。她完全不会考虑到老板的行为有多无礼，更不会去思考他可能哪里做错了。她只会责怪自己，她对自己的责备甚至比别人对她的责备更严厉。所有的情绪状态都有可能发生相同的问题，即便我们没依照情绪的建议行动，它的影响仍然会存在，并且会以其他的方式寻找出口。

每种情绪都是我们的“智囊团”中不可欠缺的成员，因此我们最好听从它们的忠告。无论它们给的是赞同的意见（使我们面对事物的正面情绪），还是反对的意见（使我们回避事物的负面情绪），其中都包含着智慧。对于每种情绪，最好都不要抱有偏见，因为每种情绪都会为我们身上所发生的事情提供一些线索。如果缺少了它们，我们的分析就会是片面的：只看到一段关系的优点，看不见细微的缺点；或走到另一个极端，看每个人都觉得有问题，似乎没有一个人是可以真正信任的。

如果我们没有注意到不愉快的情绪，会怎么样呢？**忽视情绪，等于消除了疼痛感**。如果生病的时候感觉不到疼痛，我们便不会去看医生，也不会吃药。事实上，有一种疾病叫先天性痛觉不敏感症，患者在一出生时就没有感知疼痛的能力。想象一下，若是一个婴儿感受不到自己的不适，也察觉不到自己受伤了，他们会侦测不到外界发生了什么事，便无从保护自己。他们有可能因为没察觉到自己受伤、骨折或其他的健康问题而活不到成年。我们需要有痛觉才能得以生存，情绪也和痛觉一样必不可少。否则人类在进化过程当中早就把它给淘汰掉了，就像我们由灵长类动物进化时把尾巴给淘汰了一样。

但这个问题不只局限于某些不愉快的情绪。有些人难以感受愉快的情绪，很难允许自己享受、欢笑、休息或分享喜悦。他们对于这些情绪如此陌生，以至于感到不自在，他们认为自己不该寻求这些情绪，因为那会让人变得自私。他们会把责任摆在享受之上，并且认为自己无权享受。有时，“好事之后必有坏事”的预感会遮盖他们感受其他美好事物的能力。别人的正面言论可能会被他自动贴上“虚假、不当或恶意”的标签，以至于让那些言论失去了本有的功效。

你可以先问自己一个问题：什么样的情绪最让我感到难受或不舒服？这个问题我们之后会再深入探讨，但想要拥有良好的情绪调节能力，你需要觉察到自己的答案，并做出改变。我们必须一视同仁地倾听每一种情绪，听听每一位“顾问”都在说些什么。另一件同样重要的事，是别让这种倾听变成情绪间的斗争，也别钻牛角尖，非要选出到底哪个情绪是“好的”才肯罢休。要记得，每种情绪都有其意义。

与情绪对话，而不是抗争

当我们用理解和温柔的目光去看待情绪时，它们便能够有更好的发展。如果将情绪视为问题，我们对它们的掌控力就会下降，情绪泛滥的可能性也会变大。更重要的是，我们应当理解，每个情绪都在诉说某种需求，需要我们回应。若得不到回应，它们便会更大声地索求。若到此时我们还不能发现这些讯息，就有可能在心理和生理层面都遇到问题。很多时候，我们都习惯忽视自己的需求和感受。**我们把肩上的责任、别人的感受或别人对我们的期望摆在第一位，却不会去重视对自己而言真正重要的事。这时，情绪就会对我们发出警告。**

在这个章节中，我们要检视自己是否在对抗某些情绪，甚至对抗整个情绪的世界。这样的情况有时也会反映在人际关系中：当我们无法容忍别人的某些特定情绪时，就会产生排斥。其实，和情绪做斗争注定是无法获胜的，只会为我们想做的事带来反效果，使艰难的情绪加重，并且失控。

有些人宁可选择远离情绪的世界，把自己局限在一个尽量可预测的世界里，不让任何情绪困扰自己。但这只是一厢情愿，情绪迟早都会找到他们，让他们措手不及。因此，我们说的“放下和情绪的抗争”，绝不是要远离情绪。我们必须持续与情绪保持联系，倾听它们、关注它们，让彼此之间形成合作的关系，而不是对抗或控制的关系。

6

从零开始学习情绪调节

很多时候，人们并不认为情绪调节是可以学习的，他们会告诉自己："我这人生来就这样。"似乎一个人自打出生起，就注定了该有哪些感觉。即便我们确实有一些天生的特质，但外在环境也会深深地影响我们的性格。虽然很多人常说人格特质是遗传的，我们无法改变自己的基因，但是科学研究已经清楚地证实了基因并不代表命运。因为基因并非封闭式结构，而是会受到表观遗传变化[1]的影响。这些变化可以解释为何双胞胎有着完全相同的基因，却不一定会有同样的疾病，就算是和遗传成分相关的疾病也是如此。造成表观遗传变化的因素之一就是生活经历。也就是说，环境能够改变我们的基因结构，从而改变它们的作用。

如果我们知道如何调节情绪，便会得到更多关于如何改善它的线索。这也有助于我们发现，现有的情绪系统并非我们唯一的选择。

"自我调节"的过程，在我们有记忆之前，甚至从我们

1. 表观遗传变化：指基因表达发生改变但不涉及 DNA 序列的变化，能够在代与代之间传递。（本书中的注释均为编者注）

出生之前就开始发生了。胎儿会和妈妈的生活节奏同步，当妈妈睡着或清醒时，胎儿也跟着改变自己的作息。一出生，我们就开始呼吸、吸吮乳汁、吞咽食物以及调节心律。我们的身体在刺激之下，也会被激发出一系列现象，比如心跳加快，想要进食、活动或睡眠等。而我们的身体机制也会抑制那些现象不要运作过头，比如吃饱就会停下来，不会一直吃到把胃撑破。

调节情绪比刺激大脑更重要

抚养者最主要的工作，就是使孩子平静。抚养者是孩子调节情绪的榜样，在照顾孩子时千万别忘记这一点。当今社会，人们似乎有一种强烈的欲望，想要刺激孩子的大脑，让孩子的表达能力达到最佳状态。然而，从孩子未来的成长和发展来看，调节情绪比刺激大脑更重要。

孩子自我调节的能力会随着年龄的增长而逐渐发展。如果抚养者情绪稳定、富有耐心，那么孩子就不太容易感到疲劳，身体也不太会有绞痛。如果抚养者容易焦虑，孩子一哭闹就让他们感到紧张、不堪负荷，那么孩子的回应方式也会相应地受到影响。对婴儿来说，情绪的学习是一件充满了亲密感的事情：它和受到抚摸、闻到气味、感觉到吃饱穿暖等有着密切的关系。因此，**我们若是想要恢复良好的情绪调节能力，那么学会关注并照顾自己的身体及其感受是至关重要的**。有时，我们需要通过一个拥抱、一场热水澡、一条信息、一种气味或一道美食等令人愉悦的体验，来作为自我调节的方式。如果我们在小时候没能学会情绪调节，那么现在学习也来得及。

等婴儿长大一些，大约到五个月的时候，就开始能够将注意力放在外在的事物上了。这时，我们便有了另一种调节孩子情绪的方式，那就是用他们所喜欢的事物来刺激他们，分散注意力，以帮助他们转换状态。我们长大后也仍然会这么做。本书开头案例中的露西亚，就是通过看电视来使自己的大脑转移注意力的，并且她选择了能让自己放松的电视剧类型，让不愉快的情绪不再涌上来。让大脑转移注意力是一种颇为有效的调节方式，但是和其他的调节方式一样，也不能滥用。

然而，直到大约两岁，孩子的脑中都没有形成自我调节情绪的区块，还是处于需要完全依赖旁人的状态，而旁人的行为会严重影响孩子头脑前端关于情绪调节的重要区块的发展（特别是前额叶部分，一旦受损，很可能导致孩子失去我们所谓的基本逻辑）。这些区块的作用和父母的功能相同，能够协助孩子规划、阻止、平静、调节情绪及行为。

随着孩子成长，他会逐渐承担起抚养者一开始提供的那些功能，并在自己脑中发展负责这些功能的区块。在这个新的阶段，孩子会开始有能力反省自己的情绪、了解其含义，并决定如何处理自己的感受。他会观察自己的情绪状态，建立自己的观点，甚至借由改变对事情的想法来调整情绪。虽然有些家庭中并不习惯探讨彼此的感受，但这种观察并反省自身感受的能力，也是可以在长大后继续学习的。

随便说说话，也能刺激大脑发展

还有一个有趣的事实：父母其实什么都不用做，只要面对面地看着自己的孩子，与他们交谈，甚至只是随便说说话，也能够很好地刺激孩子大脑的发展。如果我们将这种学习历程转换到想要重新学习情绪调节的成年人身上，那么第一步就是要能够反观自己的内心，无须要求太多，只要单纯地和自己独处，关注自己的感受就很好。有时我们的生活过于匆忙，以至于没有时间这么做，但这种反观内心的体验其实至关重要。

人类在三岁前，还会经历另一个重要的阶段，那就是语言的发展。这和描述内在情绪状态、理解他人的心理状态，以及在情绪方面进行交流有关。如果在幼儿时期，抚养者能够正确解读我们的状态，那么我们的情绪词汇会变得更丰富，也能调整至与现实相符的状态。孩子可以凭借周围人都能够明显辨识的一种感受来表达自己困了，即便他们看上去只是变得烦躁了，但大人还是会猜对他们的意思："走吧！你累了，我们上床睡觉去。"如果大人能猜对孩子的感受，那么对孩子来说，感受便开始有了名称。

反之，如果照顾我们的人本身情绪词汇不丰富，或者没有情绪交流（有些家庭不会谈"这些事"），那么我们也能发现自己的感受，但却无法描述它们。但这不只会让我们无法解释自己的感受，就连辨识自己情绪间细微差别的能力也会越来越差。言语能够细腻地描述情绪之间的差别，如果没有了丰富的语言，我们只能简单地说自己心情好或不好，甚至无法分辨自己是疲倦还是沮丧。此外，思维与语言的发展有极大的关联，因此我们反省自身感受的能力也会更有限。**为自己的感受命名，能自动调节情绪的强度，也是人际沟通以及通过人际关系来进行自我调节的关键。**

你的“出厂设置”，随时可以调整

有孩子的人读到这里，可能会感觉调节孩子的情绪真不容易。事实确实如此。但我们应当谅解自己，因为很多时候，我们自己在成长过程中，也不曾有过被适当引导和调节情绪的体验。我们在情绪领域的学习经历或许非常贫乏，甚至充满负面的体验，而在这种情况下，要靠着自己的直觉调节孩子的情绪，确实是极大的挑战。

好消息是，安全依恋是一种最能促进心理健康和情绪调节的人际联结，它的基础并不在于完美，而在于修复。一位不允许自己失败的完美主义抚养者，不仅百分之百地付出，对于孩子的需求也总是全力满足，甚至超出孩子本来的期待。但这样一来，会让孩子没有机会体验不同的际遇，例如容忍挫折、等待迟来的奖赏等。这也会让孩子在成长时觉得自己永远达不到其抚养者的标准，过高的要求让孩子难以承受逆境与挫折。为人父母，我们的目标并不是要做到完美，而是要做到“刚刚好”。

有时，一些重要的人际关系和经验，带给我们正面与负面的影响，会使情绪调节系统在生命中突然地进行调整，或被重新锻炼。这些改变，也证明了我们的调节系统可以改善。尽管孩提时代的经验强化了我们的性格，且这些性格目前来看是有利于我们的，但我们还是可以重新设定自己的系统，调整“出厂设置”，从知识、情绪以及生理的层面上改善人际关系，学习情绪词汇以及情绪交流。

7

恢复情绪平衡的六大步骤

我们的情绪调节方式部分是习得的，并不完全取决于自身的性格。尽管基本行为模式的建立从出生起便开始了，但这个过程会延续一辈子。因此，即便是成年人，仍然可以重新建立有效的调节系统。想做到这点，当然不是通过听几句金句，或者学一些放松技巧就能达成的。当我们的情绪调节风格趋向顽固与僵化，想要有深层且持久的改变，就得清楚地意识到情绪意味着什么。

很多人会控制、回避或直接忽视自己的情绪，并认为如果不这样做，便会发生可怕的事情。在他们心目中，感知情绪就意味着混乱、超载、失控，是一个只会导向痛苦的深渊，而且是没有任何效益的事。因此他们处理情绪的方式，便是抑制、回避或压抑任何与感受相关的蛛丝马迹，而且他们也并不会知道，自己还有其他更有效的替代方案可以选择。

另一些人认为情绪是无法驾驭的东西，因而他们完全不会尝试这么做，只会从外界寻求“药方”，比如药物，或是找身边的人安慰自己。而那些对自己的情绪绝望、容忍度又低的人，不管用什么方法，付出什么样的代价，都想要立即消除自己的不适感。最后，他们非但无法启动能改善情绪状态的过程，甚至连稍微平复情绪都难以做到。

以上这些都是对于情绪管理方式的灾难性看法，而更现实的观点应该是这样：

- 想改变自己的情绪运作模式，虽没有神奇的解决方案，但“有效的解决方案”是存在的。
- 有一些情绪是自然反应，但也有很多情绪反应是我们可以通过意识训练来改变的。
- 对于情绪，最好进行中长期的投资。修复与学习，胜过病急乱投医。
- 必须在日常生活每一个“糟糕的一天”中不断练习，只有这样，遇到更大的逆境时，才有应对的工具。
- 比起每天尝试不同的方法，更为重要的是专注于一种方式、计划一整套步骤。
- 每个人的起跑线不同，因此需要做的改变也不同。

那么接下来，我们就来看看要建立一个健康的调节系统需要经历哪些步骤。为此，我们首先必须真心想做这件事，设立实际的目标，把没用的想法拆除，制定改变的路线图，理解路途中可能存在的艰难，并在改变的全程中保持动力，选择可以专注投入的时机。

第一步：
先了解自己为什么想改变

了解自己有多想改变，是很重要的。不妨想一想，之前处理情绪的方式为自己造成了什么损失，以及如果能改变，又能获得什么样的收益。如果我们曾想过这些问题，代表我们觉得自己目前的调节系统还不够好，但“好”是一个过于模糊的目标，可能无法引发我们的动力。

当一个人开始面对以前所逃避的事情，能获得什么呢？他会清楚，当他走完这条路时，会获得更多的安全感，会更平静，也更幸福。当他逃避时，其实是想达到同样的效果，但结果却恰好相反。当我们决定去面对一切时，首先感觉到的会是恐惧，但若是坚持下去，接下来便会有完全不同的感觉。每个人都必须找到自己的动机，然后将它牢牢记住，因为调节情绪这条路很漫长。但是，这条改变之路的终点给予我们的奖励，就是我们努力进行改变的原因。

第二步：
正确地理解情绪

别忘了，人体的机能永远都会自动恢复平衡。情绪调节，和心理以及人际关系的平衡有着密切的关系。然而，这种平衡并非静态的，而是动态的；情绪并非永远保持不变，而是会随着身边所发生的事情而有所变化。情绪好，不代表活在天堂中，不受任何外界事物的影响；情绪好，也不代表永远保持幸福，不会遭遇任何痛苦。人们的情绪有强有弱，有起有落，有愉快的也有不愉快的，但我们相信，所有的状态最终都会平复。

有时，特别是当某些情绪超载了，或困住我们的时候，我们会将平静想象成一个中立或平坦的状态，但这和真正的健康其实相去甚远。健康的状态更像是大海，有时平静，有时狂风暴雨，有着不同强度的海浪与潮汐，但波动过后最终会回到稳定的状态。

第三步：
拆除无效的情绪机制

要想恢复情绪的平衡，不是非得做一大堆事来平复自己的情绪，而是要学会放下无效的情绪机制，然后重新看待和信任自己的情绪。就像骑自行车一样：骑在车上，你无须控制每个动作，无须时时刻刻思考身体该倾斜多少度、车把该转几度。如果真的这样骑，我们可能马上就摔倒了，即使不摔下来也会浑身紧张，无法享受骑车的乐趣。骑过车的人都知道，只要具备平衡感，让身体记忆自动导航，无须特别关注每个动作，单纯地享受风景就好。学习调节情绪也和骑自行车一样，重点都在于学会放手。

第四步：
设定有效的改变步骤

有许多管理情绪的方法，都和回避、抑制及控制无关。这些方法，会在情绪处理的不同阶段中发挥作用，如以下图表所示：

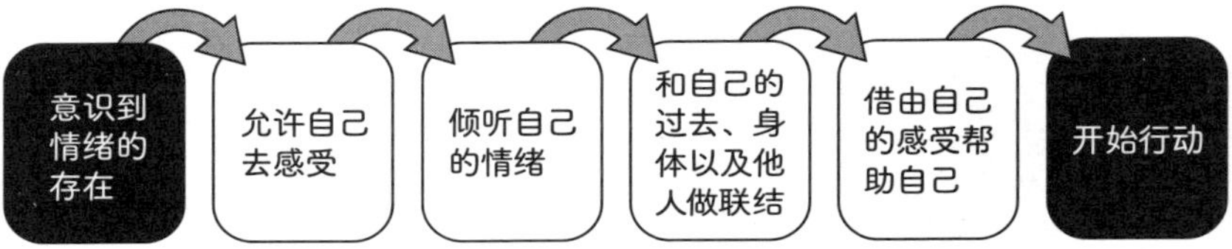

正确调节情绪的6个步骤

想要有意识地调整自己的情绪状态，首先必须意识到情绪的存在，观察并探索它。

其次，无论我们发现了什么，无论情绪的强度与长度如何，我们都必须允许自己去感受。

再次，我们必须倾听情绪想要传达的信息，它们会发现有关于我们与这个世界的秘密，让所有的感受相互交织，为我们描绘出现实且完整的画面。

之后是联结：我们要和自己的身体感受联结，以感知到这个情绪是属于我们的；也要和自己的过去做联结，通过了解过去，来理解现在发生了什么；还要和他人联结，感受他人的情绪，但也必须注意辨别出自己的情绪。

再之后，我们必须通过自身的感受来帮助自己，照顾好自己的情绪，告诉自己什么是有帮助的，寻求能调节自身情绪的方法，并接近能够提供这些方法的人。

最后，我们必须有所行动，找出支撑这个情绪状态的需求是什么，它将我们导向什么结果，将把我们带向哪里。

第五步：
辨别过程中的困难之处

改变是可以达成的，但过程中也会有困难。这时，谅解自己就非常重要。当我们遇到困难时，停下来了解为何会如此，便能从自己身上学到很重要的东西。当我们越了解情绪，就越有改变它的可能。而意识到改变过程中必然存在的困难，也能够帮助我们调节情绪。以下是一些我们可能会遇到的困难：

- 若尝试了许多次，却只有几次能意识到自己的情绪，那也是很正常的。
- 尽管我们的理性知道所有的情绪都有其功能，但只要看到自己生命中重要的人处理不当一次，从中吸取到的经验就可能会在其他时候间接地变成我们的负担。但没关系，我们只需理解，并将自己与他人的情绪区分开来就好。
- 我们可能会觉得，和自己或他人的情绪联结会拖累自己，但只要多加练习，这样的情况就会减少。

- 认识到自己才是需要改变的人，或许有点困难，甚至会让我们感到不舒服，因此人们习惯等待其他人先改变。当然，要是其他人也能改变的话，事情便简单多了。但我们必须认识到，如果我们能在这个过程当中专注于改变自己，成功的可能性会高很多。
- 我们的情绪感受原本是来帮助我们的，但我们却为此和自己生气，或感到羞愧。纵使我们知道要照顾自己的情绪很重要，也努力这样做，但过去的习惯仍然会牵制我们，这很正常。只要我们继续努力，这种情况便会越来越少。
- 改变可能让我们感到恐惧。比如，因为担心面对冲突而不想表达自己的愤怒，因为太怕犯错而不敢尝试，等等。我们必须不断尝试，这样才能证明其结果并没有想象中那么糟糕。

即使遇到这些困难，我们也不应该放弃改变。当困难出现时，我们应该将它视为一个重要的学习机会，了解自己的情绪是如何运作的。在此基础之上，我们才能为未来做好准备。当你用理解的心看待自己，就能帮助自己突破困难，并对于如何改变有更现实的期待。

第六步：
持之以恒

前面谈到了许多困难，以及为了掌握新事物可能遭遇的失败，你可能已经意识到，想要持之以恒需要很大的毅力。我们的调节系统就好像时钟的复杂机械构造，能够自行调节、重新设定，并成为一种精确且有节奏的自动装置，告诉我们目前所处的状况如何，以及接下来的生活会面临什么。

前面几个阶段总是比较辛苦的，但后面就会越来越顺畅。我们的调节系统建立得越好，就越不需要去关注它，因为它将能够凭直觉自动运行。但一开始，我们得将整个设备拆开来，把每片零件散开，了解它是如何组装的，并仔细评估其系统的每一个部分。这需要耐心，但这个过程很值得。

就从现在开始改变吧！情绪调节的改变并非巨大的变动，更像是一个耕耘的过程。如果我们开始做一些微小的改变，例如，每天花一分钟来观察自己身体的感受、脑中闪过的想法以及自身的情绪等，那么这颗小小的种子便可能结出丰盛的果实。但如果犹豫不决，想要等到“最适当的时机”才开始进行，那么这个时刻可能永远都不会到来。

8

表情与心情，
大有关系

抑制情绪不只是一个内在的过程，它和我们外在所表露的也有关联。扑克牌玩家很擅长用表情“演戏”，故意在脸上露出和内心感受迥然不同的表情，以此为自己争得一些优势。优秀的商人与政治家也很能掌握伪装的艺术。还有些人，比如演员或街头艺人，更是以演戏作为自己的职业。

如果我们想进行更深层的沟通，脸部便应该要能表露我们的感受，毕竟，表情比言语更能让对方了解我们当下的状态。然而，很多时候，我们会为了某些目的而故意表现出不一样的表情，例如：不让对方看出自己的动机，想造成特定的情绪反应等。这时我们的目的就不是沟通了，而是希望通过影响对方来达到自己的目的，当然，也并非每次都是有意为之。

抑制情绪的表露，有时不只是为了影响他人，也可能是想抑制它对我们自身所造成的某种影响。例如，当我们不让自己露出悲伤的表情，就不会轻易把内心的缰绳交由悲伤的情绪来掌控。当内心与神情同时都反映悲伤的情绪时，悲伤就更容易流露出来，当我们将眼泪在溢出眼眶之前忍住，便能阻止崩溃。人们通常认为，情绪的闸门只要稍稍打开，便很难再控制住。

在本书开头的案例中，最习惯于把自身感受显露在脸上的人，要数潘多拉和伊凡了。潘多拉无法掩饰自己的悲伤，而伊凡则丝毫不掩饰自己的愤怒。然而，他们所显露出来的情绪，是无法影响他人来促进自己调节情绪的。潘多拉的悲伤让周围的人感到失望，而无法成功地安抚她。尽管潘多拉也曾向他们寻求帮助，但他们说的话、做的事，似乎都无济于事。伊凡的愤怒表情会令别人对他有所防备，并产生敌意与负面情绪。

再来看看露西亚。她并没有表现出自己所有的情绪，尤其是在老板面前。当她情绪起伏时，她觉得在当下把所有的感受表现出来并非明智之举，便让自己缓一缓之后再来思考对策。相对地，她在朋友面前却能完全敞开心扉，因为她认为朋友能理解并帮助自己。在这种情况下，她和朋友倾诉悲伤，确实能够影响对方，让对方理解与安慰自己，帮助自己调节情绪。

有时我们的表情更具复杂性，甚至和内心的感受正相反。有些人心情越糟糕，或表达的内容越糟糕时，就越容易微笑。矛盾的是，当我们不让别人看到自己内心的感受，而别人因此无法理解我们时，我们又会感到难过。我们总是一边希望别人理解我们，一边设置障碍，让别人难以靠近我们的内心。我们希望伴侣能自动明白我们的喜好或需求，却又不愿意给出提示，哪怕我们清楚地知道对方的直觉没有那么准。其实，只要我们愿意给出一点提示，那些不敏感的人可能就会给我们理解和支持。

表情，会反过来影响心情

有趣的是，我们的内在感受与表情之间的关系也会反向运作：表情可以影响心情。德国维尔兹堡大学的教授弗里茨·斯特拉克（Fritz Strack）曾指导过一项有趣的实验。他邀请研究对象为一部卡通影片的好笑程度打分，同时，有些人要用嘴唇含住一支笔（这会抑制与微笑相关的肌肉组织），有些人则要用牙齿咬住笔（这会刺激与微笑相关的肌肉组织），另外有些人则是需要用手握住笔（不影响脸部的肌肉组织）。研究发现，用牙齿咬住笔的这组人对于影片好笑程度的评分比用嘴唇含住笔的那组人高，而用手握住笔的那组人的评分则在另外两组之间。

所以，当我们发现某种情绪即将产生时，可以通过某些外在的表情来减轻它。例如，我们可以借着打扮自己、做出“要打起精神”的表情、找个能逗我们笑的人陪伴，或是看一部有趣的电影等，让自己打起精神。不过，不要误以为这些技巧就能根治痛苦，它们只是可以稍微减缓不适感的辅助工具而已。同样，当我们允许自己大声表达痛苦的时候，可能会放大内在的不适感，从而有利于发泄。

我们可以学习有意识地调节脸部的表情。演员们便为此努力了一辈子。有一些戏剧诠释方式，比如康斯坦丁·斯坦尼斯拉夫斯基（Konstantin Stanislavski）所倡导的风格，就是鼓励人们通过和内在情绪经验进行交流，以此来诠释一个角色。而桑福德·迈斯纳（Sanford Meisner）则提议不断重复台词，直到能够自然地呈现出来。

我绝对不是建议大家要像演员饰演某个角色一样，小心排演自己的情绪，而是提醒大家可以把握这些资源。对于训练自信（能够坚定拒绝并在不屈服或改变自己的状态下捍卫自己的权利之能力），我所建议的方式是：只要我们表现得像是对自己很有自信的人一样，不让别人操纵，持续遵从一些具体的准则，一段时间后，我们就会真的感到自己更有自信。而那些不容易感受与表达愤怒的人，也可以通过这类方法得到改善。

总之，改变既可以是由内而外的（和自己的情绪状态联结，理解并改变它们），也可以是由外而内的（改变我们的行为模式和非言语的表达方式，然后将其内化）。任何能够帮助我们通往改变之路的事，都值得一试。

勇敢说“不”，会让你更有自信

训练自信的基础在于学会说“不”，毕竟，有些人甚至连说出“不”字都有困难。还有就是，要提出自己想要的东西，无须解释，也无须批评他人。

练习的方式是这样的：当我们遇到一件自己不想做（我们本来不需要做，但却被别人半强迫地去做）的事情时，**勇**

敢说“不”，并且不给予任何解释。也许这样感觉很奇怪，但即便对方要求，我们也实在没有任何必要解释自己为何如此。

当被别人批评时，我们也不用努力为自己辩护。如果在那个批评当中看到任何合理的元素，那我们就承认；如果没有，就只要回答说：“或许吧！”但不需要让自己的立场因为别人的批评而有任何动摇。

如果你觉得以上要求很难做到，或担心这么做会让自己变得格格不入的话，就应该试着去改变这样的想法。

关于表情的一些实验

任何一种方法，如果太过极端，或过度地使用，都会变得不健康。脸部表情在大多数时候应当显露我们内心的感受，否则最终会变成一个问题。表情一成不变的人，无法很好地调节自己的情绪以及和他人的关系。开头案例中的贝尔纳多就常常这样，看起来好像没有感情的木偶；马提亚尔也是如此，就像他会操控自己的心情一样，他也常常操控自己的表情。

如果不把感受体现在表情上，那么在和作为竞争对手的公司谈判时，或在一个不舒服的家庭聚餐时，或许是件好事，但它对沟通并没有帮助。如果我们所发送的讯息不协调，例如，明明看上去心情不好，却偏要说自己没事，那么其他人会感到困惑，不知所措。

有时，表情也有可能和我们所期待的相反，就像当我们悲伤的时候却表现出愤怒，或是本来想获得他人的理解，却使他们变得防备。同样地，有些人的心情变化会马上显露在脸上，他们就像完全透明的一样，他们无法决定向谁吐露心情，也无法在必要时将其作为策略。因此，能够意识到自己的表情，并对它做些什么，绝对是一件好事。

说到表情，最大的一个问题在于我们通常看不见自己的脸。当我们照镜子的时候，我们的表情会瞬间改变，就像被拍照的时候也会调整表情一样。我们有可能会在特定的情况下，无意识地露出某种表情，而那个表情有可能就是“为什么大家都不愿意听我说话？”或“为什么没人理解我？”等问题的答案。有些人看到自己在情绪不佳时所拍的照片或影片时，会为自己当时的表情大吃一惊。他的脸部所反映出来的，可能和他以为自己正在传递的信息完全无关。因此，停下来意识到自己的表情，可以让我们更深入地了解自己在某些关系当中到底出了什么状况。

如果对自己的表情好奇的话，我们可以做以下的实验：

观察表情的实验

- 将手机拿起来，对着自己拍个视频，但别去关注镜头。
- 回想一个自己和某人关系困难的时刻，再想想自己无法理解对方反应的时刻。记住当时的情境以及所产生的情绪。
- 想着这些的时候，专注于自己的表情，尽量把表情做满，看看自己会有什么情绪。

- 接下来，你需要大声地把自己的感受讲出来，就好像那个人站在我们面前一样。
- 然后，出去散散步，隔天再把这个视频拿出来看，想象影片中的自己是另外一个人，站在第三者的角度，想象自己面对这样的人会有什么感受。不要做任何分析，只要能意识自己的表情以及它所能造成的效果就好。表情通常比言语更加强烈，所以学会掌握它很重要。

我们可以在一天不同的时段当中，观察自己的脸是紧绷的还是放松的，是否紧皱眉头，嘴角是往上扬还是往下弯，肩膀是坚挺的还是松弛的，视线是看向前方还是朝着地板，等等。如果你习惯带着同样的表情，就应该学习变得有弹性。我们负责微笑和生气的肌肉组织，甚至有可能会因为太少使用而萎缩。

我曾遇到过一位病人，她整天摆着一张生气的脸，虽然她没有真的生气，但别人对她的反应都不是很好，而她一直无法明白为什么。我给她的功课是连续一个月面对着镜子练习微笑，然后尽量保持微笑出门，若是与人交谈，便把这微笑再加强一点。当然，这么做并没有使她入围奥斯卡奖，但她很用心地坚持尝试，渐渐地，她发现周围的人产生了奇特的改变。她终于明白，一个微笑可以开启好多扇门，但最重要的是，她自己的心情产生了转变。

对于另一些人而言，需要学习的可能不是微笑，而是如何表达悲伤或愤怒，或是在羞愧的时候，如何让自己的眼神不避开使他羞愧的人、事、物。我们可能会认为，某些情绪如果不隐藏起来，就会很难调节。尤其是当我们曾在人际关系中有过不愉快的经历，沟通可能就不再是第一要务，我们会更担心如何在他人面前保护自己，“以防万一”。然而，如果我们不再信任任何人，而只是专注于保护自己避开危险的话，最终我们所受的伤害反而会更严重。因为我们剥夺了自己沟通的能力，也失去了别人的支持，以及很多因展露情绪而带来的好事，其中的得失实在难以计算。

如果那些创伤经历就是我们的表情无法与内在感受协调的原因，那就需要改变自己的信念，也需要尝试着在适当的时机与适当的人面前，让自己的表情多表露内心的感受。你会发现，并非所有人都想要伤害别人，而你自己正在为那些少数的“坏人”付出代价。如果不去证实，或只尝试一次，但那个人的反应刚好没有百分之百符合自己的预设（这是很有可能发生的事），我们就会确认自身的信念：“看吧！我就说不能相信任何人吧！”然后继续走原来的路。每当要通过实验来证明我们对于他人和世界的假说时，都得多次尝试，这样才能公平地判断自己的假说是否正确。

9

把情感翻译成语言，你会轻松许多

关于情感表达的另外一个重要问题，就是如何把情感翻译成语言。说出我们的感受，是调节情绪的重要方式。然而，很多人无法用言语表达自己的感受，或许是因为他们从出生后，感受和语言就未曾联结在一起。

在有些家庭中，人们不会谈论彼此的感受，而在这样的家庭中长大的孩子，不会听到抚养者描述自己的情绪状态。例如，当他们从学校带着悲伤的表情回来时，父母不会问："你发生了什么事？"有时，孩子们会学着不去表达情绪，是因为他们知道自己不可能接收到任何对自己有帮助的答案，或者他们知道长辈会因此而心情不好，所以不想让长辈担心。甚至有时，反而是大人在向孩子们倾诉自己的情绪，希望求得孩子的抚慰——这对孩子来说，就像是世界颠倒过来了一样。

导致我们无法谈论自身感受的原因有上千种，而且通常不是有人故意为之。并非父母拥有许多情绪调节资源，却有意不将它们用在孩子身上。没有人要求养育孩子必须具备专业的情绪调节能力，所以大人们只能把自己所掌握的情绪语言教给孩子。也正因如此，许多孩子学到的情绪语言既有限，又奇怪。

虽然语言看似是用嘴巴说出来的，但语言不只是词汇，也包括了眼神和表情。当言语和身体能够互相交流，并互相理解时，才是沟通的最佳状态。我们之所以将情绪、非言语的表达以及言语的表达组合在一起使用，是有其科学性的。当我们通过其中一个管道（比如言语）所传递的内容，和另一个（比如表情或眼神）不相符时，可能会产生自己预想不到的效果，因为它会造成混乱或不信任。

说出你的情绪，好处有很多

大多数人都不是心理学的专业人士，因此我们首先要做的，就是了解用言语表达个人情绪到底有何益处。

在我们的大脑中，负责思考与反省的区域（在头脑前端部位的前额叶）以及和情绪相关的区域（位于脑中央的边缘系统）会互相平衡。现代的脑科学研究已经通过直播影像的方式，展现了大脑中不同区域是如何运作的。直到不久前，我们都还只能看到这些区域的形状，但现在我们已经能够看到它们的活动状态，何时运作、何时休息。边缘区域（情绪脑）可以通过反省自身感受的意义而被启动，当我们为这些情绪命名时，边缘系统便会平静下来。

在一项功能性磁共振成像的研究中，也显示了当被试者看见令人不安的影像时，大脑的杏仁核（边缘系统的一部分）便会被激活。如果他们有机会为自己的情绪命名，那么杏仁核的活动性会降低；而在那些不允许自己这样做的被试者身上，这样的情况是不会发生的。

向他人表达自己的情绪有很多好处。借由解释自己的情绪，我们会重述事情的经过，并重整对于重要事情的记忆。也就是说，能帮助自己将情绪转移到可以用来学习的档案当中，而记忆的处理也就这样完成了。除此之外，这样做也拉近了彼此之间的距离，让彼此得到共鸣。当我们向对方表达自己内心的感受，即便对方没有经历过相同的事情，他也能够接受和理解。每当我们和别人谈论自己身上所发生的事，其实双方都能一起学习到一些有关情绪管理的新知识。

和别人分享感受，除了有助于自己的情绪调节外，
还有以下好处：

- 使我们感到安慰（这对悲伤的情绪有帮助）。
- 在我们生气时释放压力（和朋友发牢骚可以大大舒缓压力）。
- 让自己找到这段经历的意义（有助于消化这段经历）。
- 让自己提出新的观点（重新定义一件事）。
- 在我们不知所措时，找到责任归属。
- 降低我们的羞愧感。

当然，如果你是那种**什么事都藏在心里**的人，这样做会让身心拉响警报。表达情绪对这样的人来说，就算没有危险，也是不重要的，或令人不舒服的事。相反，如果你是那种**总是需要别人安慰**的人，对于别人听后的反应就会过度敏感，任何排斥、不理解或批评的信号都会让你变得非常脆弱。

分享情绪所产生的效应，也和我们交谈的对象有着很大的关系。不同的人给予的反应也大不相同，可能是同情和理解，也可能是冷漠或嘲笑。再或者，如果对方自己也处理不好自己的情绪时，可能会避开话题，或者被我们的情绪状态过度影响。

其实，聆听的品质比次数更重要。例如，在手术之前聊聊自己的感受，可以让自己在手术之后感觉更好。但并不需要对太多人讲，只要和能理解自己的人讲就好。所以俗话说：朋友不用多，有真心的几个就好。对于这些难得的挚友，最好能尽量分享我们真实的情绪世界。这就是露西亚在面对糟糕的一天时用来调节情绪的方法之一。拥有良好的情绪调节系统，不代表万事都要靠自己。你可以求助于人，但选择向谁求助很重要。

另外，有一些特定的议题可能是社会普遍无法接受的，要和别人谈论这些就很困难。我们可以根据对方对这个议题的信念，或者聊天的时机与背景，视状况分享情绪。若是谈得不顺利，也不用太在意。

不要选择和不了解我们的人分享情绪，也不要从最困难的议题开始。**最好和身边的人从生活小事开始练习。只要简单地在对话当中插入“我今天感到……”就好**。我们也可以问问对方的感受如何，然后试着设身处地，专心地听对方说。只要从身边寻找可以进行这种对话的人，然后慢慢练习，我们最终会成为情感表达的专家。

说不出口，那就写下来

如果对你而言开口表达实在太过困难，那就从书写开始吧。实验发现，把感受写在纸上，用文字来抒发情绪也是有效的。如果在真实生活中发生了什么事，只要你将当时所产生的情绪一点一点书写下来，就会感到好很多。但是，也有一些人写到自己无法忍受的事情时，心情会变得更糟。

就像记录想法一样，有很多方式可以将我们的感受写在纸上。将所发生之事以及它给我们带来的感受写下来，是一种发泄的方法。也有很多人会用写日记的方式来帮助自己整理日常生活的情绪。但千万别钻牛角尖，不断地追问为什么、寻找原因和意义，以及所发生之事可能造成的后果。这样无法舒缓情绪，只会加重不适感。

比起概括和分析，描述事情经过的细节以及它让我们产生的感受，才是更有帮助的。如果我们在得出结论之前，没有停下来看清楚细节，就会跳过处理情绪经验的一个重要步骤。

也就是说，首先最重要的就是描述自己的感受。如果你有辨识或辨别情绪的困难，得先在这儿下功夫。在这之后，就要停下来观察，回想细节，然后让每一阶段所产生的情绪透透气。稍后，才可以分析它们的含义，并将所有发生的事情记录下来。如果我们跳过一些步骤，就像是告诉一个孩子："来！别哭，没事的！"这句话看似无害，却会造成情绪调节的许多问题：试图帮助他，却越过了情绪，而情绪终究没能得到处理。这就相当于把垃圾扫到地毯下，并不代表家里真的变干净了。我们所累积的情绪废弃物最终可能变成核废料，并导致诸多的副作用——有些副作用可能是一段时间之后才显现出来的。

其实，我们有更多的方式可以表达情绪，并使之产生共鸣。戏剧、电影、音乐、文学、艺术……都是可以传达情绪的强大媒介。研究发现，聆听音乐可以激活脑中和情绪调节有关的区域，比如杏仁核（和处理恐惧及不愉快的情绪有关）、岛叶（和身体的感觉有关）以及前额叶区（涉及另外两个结构的调节）。如果我们练习过唱歌、画画、写诗或讲故事等技能，或参与戏剧团体等，这些便能成为传达或表现情绪的渠道，甚至有可能比直接把情绪说出来还要容易。

即便以上这些我们都没有学过，你至少也可以在车上唱歌，或者依照自己的情绪状态来挑选想听的音乐，以加强或抚平情绪。我们也会沉浸在小说中体验主角的感受，或因同样的原因迷上电视剧。有时，这是一种摆脱烦恼的方式：或许我们可以透过剧中人物的生活变迁，反映到自己的生活当中，体会出为自己的情绪解套的方法。我们也许会在无聊或担心的时候随意涂鸦，或借由跳舞来打起精神，享受与朋友在一起的时光。总之，我们可以通过各种各样的方法来表达或调节情绪，只要选择你用起来舒服的就好。

CHAPTER 2

第二章

压抑情绪的代价

1

冷调节和热调节，对情绪都很重要

压抑情绪、努力控制情绪、小心避免它们或者远离触发它们的因素，以上做法对大脑而言，都得花费很高的能量——而这些能量必然来自某个地方。研究发现，负责注意、计划和组织任务的大脑回路，以及负责意识情绪、调节情绪的大脑回路，都会占据大脑的资源：

第一个回路被称为**冷调节系统**，它包含了大脑前面的部分（前额叶皮质），负责组织；以及后面的部分（顶叶皮质），负责关注感受，并把它们与其他元素联结。这个系统可以让我们专注于一项工作，并且保持专注，直到将它完成。

第二个系统被称为**热调节系统**，它能通过岛叶，联结我们身体感受的核心以及调节情绪的脑前部区域。

通常我们会根据情况，从一个系统切换到另一个系统。当我们需要解答习题、学习或应付工作时，我们会使用冷系统。当我们感到情绪崩溃，或无法执行一项工作时，那是因为切换到了热系统，此时头脑就必须专注于处理情绪和身体的感受。在有些情况下，当我们受到情绪严重的影响时，两个回路必须互相配合才能做出复杂的决定。这些情况在考验我们感受到强烈情绪时的思考能力，以及我们是否有调节情绪的方法。

案例中的露西亚虽然不懂神经生物学，但她的直觉清楚理解这一切，所以她等到自己的情绪系统平静下来，才做有关于工作和前程的决定。在事发当时，她也没有和老板吵起来，因为生气时所说的话常常会让自己后悔。

你的情绪系统过热了吗?

当我们做一些事情来避免悲伤或担心的情绪时，其实是在有意地使用情绪调节机制。但太频繁地求助于这种机制会导致疲乏，让大脑整天处于忙碌状态，以至于当我们需要休息时，大脑却不知该怎么做。

另外，在睡眠阶段，尤其是REM阶段[1]，大脑会尝试为还没处理的情绪记忆做最终的建档，而用来建档的资料就是我们过去的经历。如果我们白天没有做任何事来处理和那些经验相关的情绪，也许是因为大脑自认为有足够的能力在夜间完成它。如果你常常重复做同样的梦，那便是有资料尚待处理的一种表现，而大脑就得一遍又一遍地去解决这个不愿被解开的结。

整天处在活动的状态以避免思考及感受，或者缺乏有品

1. REM 阶段：快速动眼(Rapid Eye Movement)的阶段，也是大部分人会做梦的阶段。

质的休息，可能会对我们的注意力和记忆力造成负面影响。我们可能会有健忘、错乱的感觉，或感到大脑阻塞，无法顺畅运作，不但生理疲劳，精神也很疲劳，使我们无法执行本来能做的事，变得不堪负荷。在极端情况下，身体会出现障碍，使我们陷入重度的疲劳或忧郁。如果和自己的情绪相处得不好，便会离事情的关键越来越远。我们会将疲劳归因于外界因素，或者因专注力、记忆力有问题而担心自己的智力状况。

但当调节系统效率降低，而大脑必须耗费过多精力来调节情绪时，也会对我们的表现产生负面影响。就如同一辆汽车的马达无法充分利用汽油时会造成过多的损耗一样，当我们被无谓的烦恼困扰，或费尽心力控制自己的感受时，调节情绪的热系统就会运作过度。神经系统的所有资源都会集中来运作这些功能，而我们的注意力、计划与解决问题的能力将会下降。在这些状况下，记忆力的问题恐怕无法通过做锻炼来改善，因为大脑已经没有足够的能量可供消耗了。

案例中的潘多拉就是这样。当她到公司时，已经紧张得无法像平日那样处理工作。由于她自我调节的能力很低，她不知如何使自己的热系统平静下来，反而每犯一次错误就更加刺激它。

在通常情况下，情绪和记忆处理密切相关。杏仁核与负面情绪的处理紧密相关，它会在我们遇到攸关生存的事情时发出信号，引起我们的高度关注。旧观念认为“不打不成器”，并通过这种机制来逼孩子读书。这样做或许会有短期效果，但从长期来看，让杏仁核过度活跃并无益处，不管是对于情绪还是对于学习而言，都是如此。

如果杏仁核的活动度很高，我们就会处在压力状态，而当它过热或持续活动时，记忆的处理功能会受到阻碍。此外，孩子可能会开始将学习——或所有学业相关之事——与痛苦或压力做联结。孩子的压力越大，就越是导致恶性循环，变成一种教育的失败。或许我们该问问自己：关于教育，我们是否把所有与学业相关的事物都通过冷系统（知识层面）处理，而忽略了最重要的热系统（情绪层面）的运作？

关掉那些在后台运行的情绪程序

调节情绪的策略也会影响我们的记忆力。斯坦福大学心理学家及研究员詹姆斯·格罗斯（James Gross）曾经做过一项研究。他让一群人观看好看的影片与不好看的影片。要求第一组人试着消除情绪，并且尽量不要表现出来（他们得压抑自己的情绪反应）；第二组人只要单纯地观看影片就行（他们不必控制自己的情绪反应）；而对于第三组人，他建议他们用医生看病做诊断的角度来观察影片（他们得重新定义所见事物的含义）。在观看完毕后，对影片记忆程度最糟的就是必须努力抑制情绪的那组人。不只如此，如果是平时就习惯压抑情绪的人，他们的记忆力还会更糟。

这也和我们下面要谈的事情有关，当我们压抑情绪的时候，其实就是将许多经验收到抽屉里锁起来。然而，当我们必须面对新的情境时，大脑会从累积的经验中取出相关经验来使用。但当我们面对先前遇到过的情境，而处理模式却被锁在抽屉中时，可能就会陷入困境，且没有任何资源可用了。这和我们当下所产生的情绪并无太大关系，而是和先前的经验联结有关。

当一段回忆没有被处理好，就好像是在电脑上启动了一个程序，却将它的窗口隐藏起来。我们没有看见这个程序正在运行并且占用了内存，只是烦恼于我们想要执行的程序跑得很慢，或者卡住了，不响应了。如果我们不清楚发生了什么事，可能会认为电脑太旧，发生了故障。但就像大脑与身体无法更换一样，我们无法换掉这台电脑。有时我们会试图安装更新的软件来解决问题，结果却只是消耗了更多的内存而已。当我们过于不耐烦的时候，还会敲打电脑，看它会不会响应，而这样做显然也是没有用的。

我们更常做的是，干脆放弃尝试，把电脑送去维修。技术人员通常会提出两个建议：第一，最有效的是重启电脑，也就是让自己休个假；第二，将所有最重要的资料备份，把硬盘格式化，再重新安装程序。这个选项比较复杂，等于是做个整体清洁，将所有不需要的东西清除掉，再把东西重新摆上去。是的，**我们对大脑也能这么做——我们称之为心理治疗**。

2

遗忘，
不代表问题真的解决了

电影《千与千寻》中有这样一句话："曾经发生的事绝对不会被遗忘，只是暂时记不起来而已。"被抑制的情绪不会消失，而是永久地存在，只是可能被藏得太深，以至于我们感受不到。

这些被埋得太深的情绪，可能会影响我们的身心健康。但是，该如何治疗一个我们不知道它存在的东西呢？当我们试图抑制或控制某个情绪时，依旧能在一定程度上意识到它的存在，只是不允许它探出头来。这样做的话，我们可能从来都不知道自己对某些事的感受究竟是怎样的。

在本书开头所有经历了糟糕一天的人里，贝尔纳多压抑情绪的倾向最为明显。他几乎无法感知到事情所造成的不适感，一旦有什么感受，他就会告诉自己："没那么严重！"用这种方式，他压抑了自己的情绪。能看淡某些事情是好的，但是系统性地降低情绪的重要性，会使情绪不断累积，这也导致了贝尔纳多难以治愈的头痛症状。

有些人的情绪机能出现的问题，被称为**述情障碍**。定义这个词的心理学家彼得·西弗尼奥斯（Peter Sifneos），一开始将其作为患有心身疾病[1] 的一种特征来研究。后来，加拿大精神科医师格雷姆·泰勒（Graeme Taylor）扩充了这个概念，将描述自身及他人情绪有障碍的人也包含在内。患有述情障碍的人在面对事物时，无法感知情绪间细微的差别，他们不常观看自己的内心，也无法很好地理解他人的动机。

在这种行为模式下，我们发现了两种人：一种是**成长背景中没有足够的情绪词汇的人**，因为他们的父母也是如此，从不谈论"那些事情"；另外一种则是其**神经结构对情绪有着不同处理方式的人**，例如亚斯伯格症候群[2]的人便是如此。电视剧《生活大爆炸》的主角谢尔顿·库珀（Sheldon Cooper）便是最后这类人的一个例子，他常常得向朋友询问自己的感受，并借此推断他人的感受，或处理自己的情绪。然而，就连谢尔顿这样的怪咖，也随着剧情的发展，在情绪领域有了惊人的进步。所以，我们每个人都是可以学习改变的。

即便在外表上无法分辨，但大多数人其实没有述情障碍的问题。**一般人确实会体验到不同的情绪反应，只是他们将其封锁在抽屉里**，并试图把钥匙扔掉。而这些被掩埋或塞在抽屉中的情绪，刚好储存了一些回忆，或某个特定的

1. 心身疾病：发生发展与心理社会因素密切相关，但以躯体症状表现为主的疾病。

2. 亚斯伯格症候群：神经发展障碍的一种，可归类为孤独谱系障碍的一类，在外界一般被认为是"没有智能障碍的自闭症"。其重要特征是社交困难，伴随着兴趣狭隘及重复特定行为，但相较于其他泛自闭症障碍，仍相对保有语言及认知发展。

人生阶段。这些回忆以及相关的情绪，便和他们的意识隔绝了，就好像这些不是他们生命中的一部分，或者定义他们的一部分。有时我们甚至不记得曾经发生过那些事，或是就算想起，也会说服自己：那并不重要、没那么严重，或是自己已经完全摆脱了它们的影响。

然而，这些没被解决的回忆，比起那些已经被吸收内化的回忆，有着更强的效应。一旦我们把它们放进不会再打开的抽屉后，不只断绝了具体的回忆，更完全断绝了和那段时期的情绪关联。例如，我们在经历了一段还没能完全走出来的伤痛之后，能够尝试继续向前，并“不再去想它”。若是做到了，或许在多年过后，当我们再度面临哀伤的情境时，会发现自己已经无法再哭泣。同一个障碍可能会在所有相关的情绪中启动，使我们永久失去流畅的情绪功能。在这种情况下，想恢复情绪功能，就只能打开我们系统中被封锁的回忆。

揭开伤疤，是为了彻底治愈

当我们试图恢复情绪记忆的时候，可能会退缩。你或许会说：“干吗还要触碰伤痛的过去？”答案是：“因为可以解决它。”这就好像在说：“干吗要去治疗已经感染的伤口？遮住就好了！眼不见为净，碰它可是会痛的！”服用药物或抗生素可以消炎，但是一个感染的伤口，如果没有清理、去除杂质并擦干分泌物，是无法正常愈合的。只有经过正确的处理，感染才能开始好转，而伤口将会变成一道疤痕。疤痕不会痛，也不会导致发烧，不会让我们变得虚弱，它只是留下一道痕迹，告诉我们曾经发生过什么事。此时，你便痊愈了。

观察一段回忆，并非重新体验那段经历。随着时间的流逝，我们将能够用新的观点来看待问题，通常我们便能拥有过去所没有的资源，重新理解并定义它们。从内心深处取出那些还没消化好的回忆，最大的好处就是将我们的情绪运作从过去的负担中释放出来。这些负担有时会以意想不到的方式影响我们。例如，我们可能会对眼前看似微不足道的小事产生强烈的反应，并想："我怎么会这样？"却找不到答案。但我们若能看见这件事情与过去没能解决的回忆有所关联，便能了解其中的逻辑。

例如，在本书开头的案例中，那位老板的愤怒在每一位主角身上都产生了相当不同的反应：

露西亚想起了她曾经的一位数学老师，这位老师折磨了她和整个班级。她回家后告诉父母，父母便去学校找老师理论，但事情并没好转，露西亚和她的同学们只能特别专心地准备那个科目，以便尽快摆脱它。

潘多拉碰到和露西亚一样的事，但她回家后没有告诉母亲，因为潘多拉的母亲是个非常容易紧张的人，光是照料家务就够她受的了。

贝尔纳多永远不会将老板的情况与家中的情况有意识地关联起来，因为他认为，自己只有不在意那些事才能继续前进，而实际上那个自动化模式仍然持续着。潜意识已经将贝尔纳多生命中的这两个阶段联结在一起，这使他的头痛更加恶化了。

阿尔玛把老板的反应和小时候在学校受到霸凌的经验联系在一起——联结的线索是她的羞愧感。

索利达则不知如何处理愤怒，因为她的父母从不允许她表达出来。当她无意识地感受到愤怒时，她的情绪状态会更加低落。

马提亚尔有个非常严苛的父亲，他曾试图用完美和不犯错来取悦父亲，但没能成功。所以老板的愤怒踩到了他最敏感的地方：他这辈子一直都认认真真地做好了自己分内的事，而他的工作无故受到质疑，这是完全无法接受的。

伊凡也是如此，他的父亲是一个非常暴力的酒鬼。所有暴力的场景都影响了他，使他无法控制自己的愤怒，也极可能导致了他用喝酒来解决问题。当然，这些联结都超出了他的意识范围。

勇敢回顾过去，检视当下感受

人们常常不想回顾过去，认为那些并不值得去回忆，告诉自己应该继续前进，接着便掩埋了过去。这样一来，情绪便被遗留在那里，得不到处理，并与其他同样没能被处理的情绪联结在一起。实际上，情绪的作用并不是要和回忆捆绑在一起，而是要告诉我们发生了什么，它的意义何在，以及我们该做些什么。事情过后，它们便会松手，让我们迎接新的一天、新的体验，并启动我们在那些情境中该有的情绪。当我们回顾某件事时，不用重新体验那时的感受，只要通过思考，知道自己当时有什么感受就好了。

只要仔细观察，你会发现，许多至今仍然会激发我们情绪的回忆，都是没有得到处理的回忆。那些记忆会严重干涉我们当下的生活。很多人所使用的方法，是绝不停下来回忆它们，若是不经意想起，就快速掠过，以至于根本没有时间去觉察自己的感受。也有人直接将那些回忆藏在深处的抽屉，完全不记得它们的存在。但当某件事激发了相同的情绪以及它所包含的相关感受，大脑便会为它自动建立联结，然后影响我们的反应。就像案例中伊凡的情况那样，他完全不清楚是什么导致了自己的暴怒。

许多情绪运作模式都是我们在生活中各个阶段学习来的，但在那些情况结束后，却仍然会持续很长的时间。越了解一个人的过去，越能理解他当下的反应。虽然这本书的主题不是关于如何处理过去，但是意识到这一点，能够帮助我们理解自己为何会如此处理情绪，也能知道这种处理方式是可以改变的。所有可以学习的事物，都可以随时开始重新学习。

无论我们目前主要的情绪调节模式是哪一种，都应该问自己一些重要的问题：“**我是从什么时候开始这样做的**？”以及：“**那个时候发生了什么**？”也许那不是什么特别的事，也不是什么创伤的体验。也许是有某些人影响了我们，塑造了我们的风格，或者是因为生活的改变，进入了某个新的阶段之后，生活中一些看似不重要的情况造成了我们的变化。但是，我们通常都可以在行为模式最初的形成过程中，找到改变它的关键。

心理治疗，不只是聊天而已

如果了解到情绪问题的起源，却还是无法改变它的话，我们还有其他的方法可以使用。只是这些方法需要通过专业人员的协助。

有时人们会觉得，心理治疗只不过是跟某人聊聊我们遇到的问题而已，那个人也是和我们一样普普通通的人，能有什么用呢？但我们前面已经多次提到过，只要把影响自己的事情说出来，就能对情绪调节有所帮助了。如果我们再去和了解情绪如何运作的专家聊一聊，他们就能帮助我们意识到自己的问题，解开我们作为当事人而深陷其中、抓不住头绪的迷茫。

此外，许多治疗性干预还会使用谈话之外的方法。在创伤疗愈中最常被用到的疗法之一就是暴露疗法。这种疗法让人在可控的治疗环境下不再逃避，而是直视回忆所造成的情绪，和我们的感受接触足够长的时间，直到我们的系统能够适应。这样一来，这些回忆的影响力会逐渐减弱，渐渐地影响不了我们了。

其他的心理治疗则有不同的运作模式。例如EMDR疗法（又称“眼动身心重建法”），便是借由眼球的特定动作，来恢复情绪处理系统，解决那些因回忆造成的问题。这有助于大脑将该体验与其他元素联结，改变与之相关的情绪，并与那些回忆保持适当的距离。在一次EMDR疗程过后，原先给人造成高度痛苦的回忆，可能会转为中性，变得不那么深刻，而且这个改变是永久性的。不过，这不表示我们的问题只需一次疗程便能痊愈，有时需要好几次疗程才能达到效果。因为人们的问题，常常是由许多经验相互交错而产生的，在这种情况下，必须逐步地将它们解开，而这个疗程在复杂的情况下，可能得耗费好几年的时间。

EMDR的潜在机制目前仍是一个有待研究的议题，但其有效性已在许多研究中得到了证实，让它成为许多国际临床指南、国际卫生组织推荐的创伤疗法。还有很多其他的疗法，也被证明能有效治疗生活中的不良经验，而其治疗方式也不仅仅是谈论问题而已。

无论我们选择哪种治疗系统，重要的是要了解和正视自身的经验。这能让我们不再痛苦，也不再受到它的牵制。所以，将记忆掩埋并非最佳选择。处理自己的经验，可以帮助我们对当前情况进行反应，真正挣脱过去的束缚，开始运作新的情绪管理系统。

3

睡眠的影响，
你一定要了解

人的身体，包括神经系统，皆有其规律；多个系统相互交织，并保持平衡，使所有的功能皆在最佳状态下运行。这个平衡机制横跨多个系统，并且相当复杂，就像一个乐队，需要一位指挥家。人类大脑中有一种生理时钟，位于下视丘[1]，它决定着我们的日常节律。这个时钟能调节新陈代谢、控制身体机能以及同步周围的其他时钟。其中最主要的功能就是昼夜节律，每24小时一个周期。在这个周期中，它除了让我们白天清醒、夜里休息以外，也会让身体中其他的系统产生变化。

睡眠，是一切问题的根源

睡眠的作用不只是让我们得到休息而已，缺少睡眠可能会导致肥胖、糖尿病、心血管疾病甚至情绪问题。当我们睡

1. 下视丘：调节内脏活动和内分泌活动的较高神经中枢所在，是大脑中央的核心，又称视丘下部。位于视丘下方，脑干上方，控制身体多项功能。

眠不足时，会变得烦躁、缺乏耐心，无法享受美好的事物，也就是说，情绪的调节功能会变差。如果我们不能适当及有规律地睡眠，就算是学习冥想技巧，甚至服用放松药物都不会有效果。

但同时，夜间睡眠的状况也反映了我们白天的情绪调节方式。当我们精神紧张时，会难以入眠。如果过于忧郁，甚至会一整晚失眠，醒来时完全没有得到休息的感觉。若我们经历了创伤，在梦中可能会不断地重复那段经验，或重温与其相关的感受。

在本书开头的案例中，许多人在度过了糟糕的一天之后，都经历了一个糟糕的夜晚。潘多拉由于过度紧张和焦虑，以至于无法入睡。索利达则太晚上床，所以一点都没有休息到。而伊凡没有自然地睡着，他是在疲劳与酒精的作用下才睡着的。阿尔玛当然也没有，她是通过服用药物入睡的。他们当中没有人真正得到休息，而且所做的梦也都不是修复性的梦。这种不安的睡眠，便是没能在睡前将白天的不适感解决的后果，进而导致了第二天的不适感。

白天的问题，晚上会在梦中重现

我们的大脑会在晚上尝试着解开情绪的结，但如果没有我们的帮助，它便难以成功。做梦的时候，我们的回忆会产生变化，尤其是那些对情绪而言负担较重的回忆。这样的状况在REM睡眠阶段尤其多见，大脑就像在夜间进行大扫除一样，处理我们生活中最常关注的事情，并为其建档。处理完后，大脑会检查先前未处理好的经验，并重新处理。很多时候，梦中会不断地出现多年前的回忆或生活片段，这表示那些回忆被阻碍了，并且没有被内化。

平日中大部分的生活经验都会被自动排除，因为那是我们所习惯的，几乎能够自动处理的经验。那些我们觉得值得关注的事情，则会储存在我们记忆的档案中，这些记忆将会成为一种学习和生活的经历，而这些经验的总和就会形成我们的身份——我们定义自己的方式，甚至于我们对于其他人和整个世界的信念。当面对一件新的事物时，我们会在这个档案中找类似的经验，以了解该如何应对，如此便无须反复重塑自己。

然而，情绪负担较大或者处理起来比较复杂的经验，可能无法完成这个过程。它们会停在半路中，就好像被储存在杂货店的仓库，从未被摆放到货架上一样。在睡眠阶段中，大脑会尝试将一切归位，重启对情绪而言负担较重的回忆，并把它们移放到适当的架子上。由于这些回忆没有完全被处理好，很多时候仍是处于组装的零件状态，因此我们在梦中所梦见的便是这些片段，或许有时还会出现一些难以理解的情境。梦境，就好像是我们经验的回收站。

我们每天夜里都会重复好几次各个睡眠阶段（REM阶段和非REM阶段），并在梦中都会产生这些情绪的回收现象。但有些时候，这个系统无法处理所有的情绪废弃物，以至于让我们痛苦，或带着非常强烈的情绪反应醒来。

尽量在睡前将一切归位很重要，露西亚就是这样做的。她能够安稳入睡，虽然做了很多梦，但醒来之后都不记得梦的内容了，即使她知道和白天所发生的事有关。如果有一个担心的问题无法解决，我们很可能会“带着问题入睡”。虽然有时一觉过后，对于事情的观点可能有所转变，但并非总是如此。当我们的调节系统效率不好时，例如，如果不断地压抑、回避或控制情绪，我们往大脑里埋的东西就太多了，在睡眠阶段需要重整的事情也变多了。

当我们不再有意识地去控制情绪时，所有这些感受会重新浮出水面，而我们的梦境便会尝试处理它们。结果就像消化不良一样：我们会做不安的梦、恐怖的或重复的梦，然后容易失眠。若是为了回避这种情况而延迟上床的时间，或带着悲伤入睡，情况将会更糟。睡眠不足，会使我们在面对新一天的情绪挑战时处理得更差。那些面对糟糕的一天时没能将情绪处理好的人，或多或少都有这种状况。

上一节所谈到的有关EMDR疗法的假说之一，就是执行类似REM阶段时，瞬间产生的眼球快速移动将负责处理情绪回忆的机制激活。如此，我们便可以有意识地接触到那些被我们的处理系统所封锁的体验，并在经验丰富的治疗师的帮助下，完成这一过程。

除了这种干预之外，我们还可以做些什么，使睡眠能有助于调节情绪呢？以下几点供大家参考：

睡眠宝典

- 首先，我们得确保有最基本的，也就是足够的睡眠时间。这必须是优先事务，否则迟早会没有精力应付其他活动。

- 此外，我们须确保自己的睡眠时间是规律的，每天定时、定量睡足八个小时。不规律的睡眠会打乱生物钟，导致一切失调。轮班工作者最能体会不规律的睡眠对生活所造成的负面影响。

- 除了充足与规律的睡眠之外，建议各位也要具备一些关于睡眠的基本常识。例如：别在睡前做剧烈运动，一旦到了床上就要睡觉，而不是看手机或继续工作等。

- 最重要的是：白天别待在床上。无论你有多累，如果想休息一下，也请到别处。床铺最好是只与夜间休息关联起来。

- 光线也很重要，因为昼夜节律的运作，是依照白天光亮、夜里昏暗进行的。因此，上床时务必要关灯，而白天别待在暗处。作息和节奏能帮助我们的身体正常运作，如此一来，平衡系统才能与所有其他的身体系统一起和谐运作。

- 特别注意：睡眠应当是瞬间进入的。躺在床上期待着入眠是最不好的选择，这样反而会让我们合不了眼。如果一下子睡不着的话，最好起床思考明天要做的事，或写写购物清单，等到睡意来袭时再到床上去。

最后，我们可以反过来问自己：应该如何处理自己的情绪，使睡眠得到改善？白天越是能够有效处理影响我们的事物以及我们所担心的问题，晚上调节系统要处理的事情就越少。如果一天之中——以及这一生之中——的废弃物不太多，睡眠过程便基本上能够将其重整。相反，如果我们将一切情绪都丢到地毯下面，不去面对，那么情况的复杂程度将会远远超过我们的处理能力。

4

被否决的感受，身体都知道

与情绪隔绝，不只会影响心理，也会影响生理层面。大脑和心脏是相连的，当我们活动时，心跳会加速，让血液运送更多的氧气和养分，以供身体各个组织运作所需。但并不只有身体的活动会使心跳加速，研究发现，当我们紧张时，脉搏也会变快。身体会在面对新事物或认为有挑战时做出这样的反应，因为它必须随时准备好面对，就好像我们将汽车发动，以备随时出发一样。

人的整个身体都是互相联结的。例如：心跳的快慢会和呼吸的速度同步，而特定的呼吸节奏则能够改善心脏的状态。

什么才是好的呼吸节奏呢？不只是单纯的缓慢呼吸而已，重点在于找到自己的节奏，轻松地吸气，然后慢慢地呼出。比起强迫地吸气，更重要的是：先将肺部的空气排出，以便腾出空间让新鲜空气进来。

然而，许多人会用相反的方式呼吸，尤其在焦虑的时候，他们会感到窒息，从而尽可能地吸进空气，然后将它憋住。容易紧张和压抑情绪的人也会发生类似的情况。这样呼吸的话，吸气阶段会耗用较长的时间，而使心律加速。

呼吸方式不只会影响情绪，还直接影响到我们的神经系统：一方面调节着大脑，进而调节我们的情绪状态；另一方面也调节我们身体的各个部分，例如消化系统。吸气时心律会加速，透过交感神经来激活身体。而呼气时，通过副交感神经的作用，心律会减缓，身体因而能够休息，进行消化等过程。了解大脑与身体之间的这层关系，我们便可以通过呼吸训练来恢复情绪平衡。

五分钟呼吸练习

这项练习很简单，每天只要五分钟就足够了。我们每个人的呼吸节奏都不同，但平均大约每分钟呼吸六次。我们必须练习在不费力的情况下吸气，然后用两倍的时间慢慢地呼气，直到结束。吸气时慢慢地数到三，而呼气时慢慢数到六。

练习数天后，我们可以再加上一些情绪元素，比如：

- 在吸气时，观察自己感受到了哪些情绪，以及身体有哪些反应。
- 第一步，先往内看，看看自己的感受如何。随着空气的进入，慢慢地数到三，并告诉自己："我察觉到了自己的感受。"
- 第二步，慢慢地数到六，一边吐出空气，一边释放掉那些感受。告诉自己："现在我要放手，让它离开。"

- 在这个过程中，越不去分析和强迫，效果便越好。如果出现什么想法，也只要单纯地把注意力集中在呼吸上就好。

生理和心理无法分离

很多时候我们生活得太匆忙，以至于没有时间停下来观察自己的状态。如此一来，许多情绪和感受便无从释放，只能累积在体内。就算度过了美好的假期，但要让累积了一年没处理的感受都出来“透气”，也并非那么容易。何况，人们在度假的时候常常在景点之间疲于奔波，反而有可能会累积更多情绪。

当大脑与身体之间这种和谐的关系被破坏时，我们体内的许多系统都有可能会失调。消化系统有可能会慢性发炎，我们有可能会暴肥或暴瘦，血压可能会不稳……基本上身体所有系统都会受到不健康的情绪调节方式的影响。当我们开始遇到这些问题时，很容易将它们归类为单纯的生理问题，也就是认为应该通过医学来治疗。然而，这样做很可能是误把药膏贴在没有伤口的地方，而真正的问题并没能得到解决。

举例来说，研究指出肠躁症[1]和压力有关。然而其前提是，当一个人用压抑和控制的方式来处理自己的情绪，并且用错误的方式来忍受，才有可能导致这样的问题。通常，当

---

1. 肠躁症：全称为躁性大肠症候群，又称为结肠痉挛，是最常见的消化系统失调，约 90% 的病例与心理压力有关。主要症状为腹痛、肠胃不适、便秘或下痢等。

不适感无法被容忍时，会产生一些医学无法解释的身体病状，正如我们在本书开头看到的贝尔纳多的头疼症状，以及马提亚尔的胸闷和晕眩。

不过，医学无法解释，并不意味着这些症状没有原因，也不代表身体不会受到影响。没有被处理的情绪，正是这样通过身体表达出来的。但很不幸地，当我们说这些疾病是由“心理问题”引起的时候，很多人会解读成这是一种由病人自己想象、编造出来的疾病，或者顶多是他在自我催眠，或夸大了自己的不适感。当病患听到别人说他的疾病是“紧张”造成的时候，他会觉得别人在说他并非真的生病。

确实，会发生这些病状的人，通常都和自己的情绪相处得不是很好，容易否定或压抑情绪。但是，如果说不适感都是情绪造成的，那对他们也不太公平。更好的说法也许是，他们所患的是医学上的疾病，而且是可以通过某种治疗方法得到根治的，但得考虑到患者的情绪层面，而且需要一段时间才能见效。

人的生理和心理是无法分开的。心理的根源在于大脑以及整个身体；同时，心理也会影响生理，造成生理状态的改变。现代神经生物学对于这种关系提出了越来越多的相关证明。

不只是患者容易搞混这个问题，很多时候，就连医疗专业人士对于心理问题的认识也是不全面的。甚至精神科医生自己，对待精神分裂症或双相情感障碍患者的态度，也与对待焦虑症或人格障碍患者不同；而前者的大脑有更严重的病变，也有更多的遗传因素影响。我们身为心理健康专家，也曾陷入这种错觉，误以为精神和身体是两个不同的元素，并这样传达给病患以及其他从事医疗的同事。虽然西方医学专家特别容易有这种思维，但中医对于疾病却有截然不同的看法，他们认为人的身心是一个整体。

有些疾病比较容易受到这些矛盾的影响，例如纤维肌痛。很多人会受到这种神秘疾病的影响，开始在身体不同的地方出现压痛点[1]，感受到疼痛，甚至使他们在生活中失能。专家们目前尚无法断定，它的病因是否是风湿症，还是应将它归类为一种身心疾病。不过，或许重点不是厘清病因，而是回到问题本身：一种疾病是否有可能完全是由生理或心理因素所造成的呢？我们也许该站在这个观点上，尝试了解可能影响纤维肌痛的情绪因素。

奇怪的是，纤维肌痛的患者对于内在以及身体的感受的感知能力都比较差。这会使那些没有被察觉到的感受无法通过情绪处理来进行代谢；若能正常代谢，就能够将思维、情绪与感受做联结，通过它们的组合来形成经验，并找到处理方式。但是，那些感受如果没有被处理，就会逐渐累积，直到我们无法负荷。换句话说，若我们忽视身体的感受，最终可能导致它们向我们大声呐喊。当身体的感受、情绪以及我们对它们的想法三者之间无法流畅地运作时，身心之间便会

---

1. 压痛点是以拇指或食指末节指腹触压皮肤时，在呈现阳性病理反应的部位出现以疼痛为主要感觉的点。

失去平衡，体内各个系统也会失去平衡。

越压抑情绪，身体就越差

理解身心之间的联系，不仅对于了解医学无法解释的身体病症很重要，对于了解已知的疾病，以及压力和情绪状态对疾病的影响也极其重要。情绪因素会影响免疫系统，让我们比较容易感染疾病，或影响我们对于化学疗法的反应。如果我们了解情绪管理对于这些因素的巨大影响，便可借此来帮助自己：通过对身体的训练（如瑜伽、太极拳）或对心理的训练（如心理治疗、冥想），可以影响免疫系统，从而帮助伤口愈合，或加速手术后的康复。

这些不同层面之间的联系，涵盖了身体的所有系统。许多人因为无法适当管理情绪因素而导致血压不稳，他们尝试的方式可能会让事情变得更加复杂，比如，试图抑制和控制情绪，反而会使控制血压的能力变差。也就是说，试图控制原先能自动调节的事，后果是会在另一个不同的区域造成失控。了解到这一点，能够为我们提供一种特别的方法来治疗高血压。

除此之外，抑制情绪还会使我们寿命减短，使各种疾病的死亡率提高，例如心脏病和癌症等。如果我们不学着调节情绪，那么任何治疗这些疾病的方法，都不会有显著的效果。

当然，想要治疗疾病，并非只要学会表达自己的感受就能做到。疾病是复杂的问题，我们必须从多重角度来探讨。

更重要的是，所有我们做的事情，应该都要能帮助我们朝向健康的方向迈进才可以。

如果能够了解到未被处理的情绪是如何使我们生病，我们就能多一个机会来治愈它。而这样的机会，是坚持将身心视为两个分开的元素所无法看到的。接下来我们来看看，当纤维肌痛的患者开始表达自己的感受时，会有什么样的效果。

美国韦恩州立大学的心理学家玛兹·吉利斯（Mazy E. Gillis）曾经做过一个实验，邀请一群纤维肌痛的患者连续四天在纸上写下自己的负面情绪，另外一群患者则写下中性的情绪。在实验的前四天，写下负面情绪的那组人都感到心情变糟了；而在第一个月里，另一组人则表示他们的情绪状态变好了。然而，随着时间的推移，情况发生了改变。三个月后，写下自己负面情绪的那组人开始有了好转，他们睡得好，也较少去看医生，身体的状况有所改善；相对地，另一组写下中性情绪的人，状况则略有恶化。

上述研究有助于我们理解，为什么有抑制情绪倾向的人会认为将情绪表达出来是不好的。当我们开始扭转这样的做法，将情绪表达出来时，不会立即就感到有帮助，甚至在一开始，还会感觉心情变得更糟了，但事实上，我们只是意识到了自己的心情有多难受。我们必须相信自己的情绪调节系统，才能看见改变，但问题在于，很多人都曾经在某个时刻失去了对自己的信心。

其他疾病也有类似的状况。当肠躁症患者开始学习放松技巧时，其症状便能得到缓解，而当他们学会辨识自己的感受并表达情绪时，症状能再度减轻。我们可以重新训练心血管系统，借由呼吸和心律的同步来调节血压；我们也可以训练神经系统，借由生物反馈和神经反馈，来改变脑中的电活动，以减轻纤维肌痛的肌肉张力。总体来说，接触我们的不适感并学会驾驭它，不仅有助于我们改善生理与心理的问题，也有助于改善自己的健康指标。

5

情绪的反抗，你听见了吗？

如果我们不重视情绪调节，那么情绪就有可能会给我们颜色看。可能因为现实中同样的情况重复了太多次，我们便以为那些原本令自己感到不适的事物已经不再有影响力了，或者对某个人的感觉已经不再重要了，于是，我们就不会常常停下来观察自己的感受。我们可以告诉自己别去感受那些感觉，或者应该要有其他的感觉，就好像只要定下这些规则，情绪就不得不服从我们的命令一样。但其实这些方法都不是很有效，它们唯一的功效就是让我们误以为自己已不再受到任何事物的影响。但这种“以为”只是暂时的，情绪最终还是会找到自我表露的方式。

抑制情绪，就好像将一个大皮球往水底压：越用力压，它就越容易往上反弹。抑制、回避或控制情绪，通常会产生反弹效应。从中长期的影响来看，这些效应可能会反映在离初始情绪很远的领域，以至于我们不会察觉到那些折磨着我们的情绪问题、记忆问题以及生理问题，是我们最初处理情绪的方式不当造成的。但其实这就是情绪在反抗的表现：情绪想要说话，而我们无法使它们永远保持沉默。

这些被掩埋的情绪，可能会因为受到压力而爆发，造成失控。当这种情况发生时，我们会愈加相信“情绪感受是不好的”，然后加倍抑制情绪，如此就陷入了恶性循环，让问题越来越严重。又或者有些时候，压力会转向内心，我们就会开始为心情不好而对自己生气，然后责备自己：“我怎么能这样？”然而，这样的问话并不意味着我们真心想要理解这个问题。

情绪受到的干扰越多，我们就越会去寻求这种适得其反的策略，直到情绪酝酿成疾病为止。有些人会罹患抑郁症、焦虑症、强迫症，或者转而求助于食物、毒品或药物。这通常是行不通的，因为就算是专门治疗焦虑症或抑郁症的药物，也无法安抚运作中的大脑，尽管我们不断地增加剂量，直到自己完全入睡，焦虑也不会因此而减少。

例如，患有严重抑郁症的人经常使用不适当的情绪调节策略，尤其容易出现**反刍思维**，也就是无意义地反复思考自己的不适感。也有些抑郁症患者会使用回避和抑制的策略，这样的人通常不接受自己的情绪，也不寻求有效的方式来解决问题，因此很难用不同的角度来检视问题。奇怪的是，尽管我们沮丧时会觉得悲伤无所不在，但患有严重抑郁症的人通常无法很好地辨识自己的感受，无法注意自己的情绪，也很难区分各种情绪。如果抑郁消失了，这些障碍却没有消失，那就意味着他们本来就有情绪调节的问题，才会陷入抑郁状态。

把情绪请回客厅，好好谈谈

我们必须在平日里就练习调节情绪，否则，迟早会因为累积了太多负面情绪而崩溃。其中最重要的，就是要学会不钻牛角尖，并且不去抑制或回避自己的情绪感受。如果我们能停下来，不再阻碍大脑对情绪的运作，那么我们的心理、身体、梦和记忆都会回到正常的轨道。而且，正如前几章所说的那样，身体和大脑处在不断互动的状态，精神状态会影响免疫系统，若免疫系统因为细胞发炎等相关的机制而受到破坏，可能反过来又会使抑郁恶化。

调节情绪的方式和我们的心理健康状态有关。例如：反刍思维和抑郁症有关，也和广泛性焦虑症有关。焦虑症患者比较容易在现在和未来的问题上钻牛角尖，对于即将要发生的事情，总是会想象它最糟糕的可能性。另一种常常和焦虑症相关的调节方式是回避，包括回避情绪，或者回避可能会引发某种情绪的状况。有些焦虑症患者也会有强迫观念，思维过度聚焦在一个自己想要回避的想法上面；或有强迫行为，为了降低焦虑，必须不断验证某些事情，比如将某个东西放在某个固定的位置上，才能让自己安心。这样的病状，通常还会伴随着另一个重要的特征，那就是控制。

情绪调节的问题，也会出现在吸毒、酗酒或暴饮暴食的人身上。这种借由外在方式来调节情绪的做法，源于患者没有办法从自己身上找到解决问题的资源，因而过度依赖外在资源。但这样的做法，也会让自己失去练习自我调节的机会。

当抑郁症、焦虑症或者其他心理疾病的患者逐渐好转时，虽然看似会减少回避和反刍思维，但对于有抑制思维的人来说，却没有这么明显的反应。即便抑郁症解决了，抑制的习惯还是会存在，也很有可能使患者未来再度受抑郁症之苦。**如果我们习惯将情绪赶到地下室，那么最好能够邀请它们回到客厅，并学习和它们共处。**

其实，哪怕一个人患有严重且全面的情绪调节问题，也是能够克服的。边缘性人格障碍患者通常会有这方面的困难：他们的心情不稳定，无法抑制冲动，不常反省，而且会用最糟糕的方式来调节自己，例如自残、服用毒品或极度依赖他人。但即使在这种状况下，对于出现边缘性人格障碍迹象、滥用毒品以及进食障碍的综合患者，若是能密集训练情绪调节，也能取得明显的好转。

也就是说，只要我们顺应情绪运作的基本模式，想要调节情绪就不难。但我们不能发明一种和情绪本质无关的方式来处理它们，而是必须按照情绪处理系统的规律，一步一步来。如果我们不让情绪以任何方式来影响自己的选择，那情绪便会反抗。它们会想尽办法找到出口，透过身体向我们呐喊，或者提高强度，直到证明我们的调节系统无效。在到达那个地步之前，我们应该尽可能地聆听情绪在诉说什么，并记录下来。只要改变自己和情绪互动的方式，我们就能改善生活中的方方面面。

6

情绪是人际沟通的桥梁

当我们和自己的情绪脱节时，也会和其他人脱节。每个人都希望受到保护，都希望自己不是一个脆弱的人，结果往往掉入另一个极端：我们会尽量表现得比任何人都强大，坚持自己永远是对的，并不断和全世界对抗。**然而，我们拒绝感受的那份脆弱，在人际交往中其实是不可或缺的。**如果尝试去消除它，会让我们变得不敏感。

但是，还有一些人呈现出相反的状态，变得极度敏感。隐藏起来的情绪就像一个还没愈合却也还没揭开的伤口，只要稍微摩擦一下就无比疼痛。我们可能会变得烦躁，别人的拒绝会极大地影响自己，致使我们到处树敌。

无论你属于这两种情况中的哪一种，都可能看不到别人心里的想法。我们的同理心和理解他人心理的能力，会深深地受到干扰。

还有一种状况是，有些人会过度同情他人，如果有人感受到什么，他们也会感同身受。这些人会被其他人的情绪所感染，而这有时会使他们承受不了。这时，要做的训练恰巧相反：必须建立自我观点，并和他人的感受保持距离。

让我们暂时回到脸部表情，继续讨论它在情绪管理中所扮演的角色。由于人类是社交型动物，彼此交流是调节自身情绪的一种方式。美国北卡罗来纳州立大学精神病学教授斯蒂芬·伯格斯（Stephen Porges）为此提出了一个有趣的理论，他称之为多层迷走神经理论。他认为，人类在遇到令自己不安的事物时，会直觉性地寻找能给自己带来安全感、使自己平静的社交团体，因为我们的神经系统在这里能够得到放松。如果无法这样做，或情况更危急时，我们会启动战斗模式或逃跑模式。如果是儿童的话，则会用哭泣来吸引别人的注意。

在遇到严重威胁，无法逃脱又无法向谁求助的时候，我们的系统便会崩溃。这时系统不会被激活，而是被关闭。所有这些反应都是通过自律神经系统进行的，该系统遍及全身，且分为两个部分：交感神经（和身体的活动有关）和副交感神经（和身体的休眠有关）。

或许我们在人际关系中，曾经有过安全感缺失的经验，以至于神经系统总是不断发出警报，甚至陷入瘫痪。因此，我们会一直处于防备状态，或者在挫败中退缩，远离他人。在第一章所描述的案例中，伊凡就是生活在戒备之中的典型案例。他容易发怒，而且直觉反应就是要打架（战斗）。潘多拉也有类似的行为模式，但她会变得难过，她的防卫反应是避开促发情绪的因素（逃跑）。索利达则是情绪反应变得低落，每发生一件事情，她的挫折感都会加重（她的情绪模式是关闭）。

当然，最理想的即是达到平衡，无论是具备自我调节的内部能力，还是在需要的时候向他人寻求支持、安慰和帮助，或是一起享受愉快的事情，都是达到平衡的方式。但这个平衡会受到许多情况的干扰，而能否恢复它则至关重要。

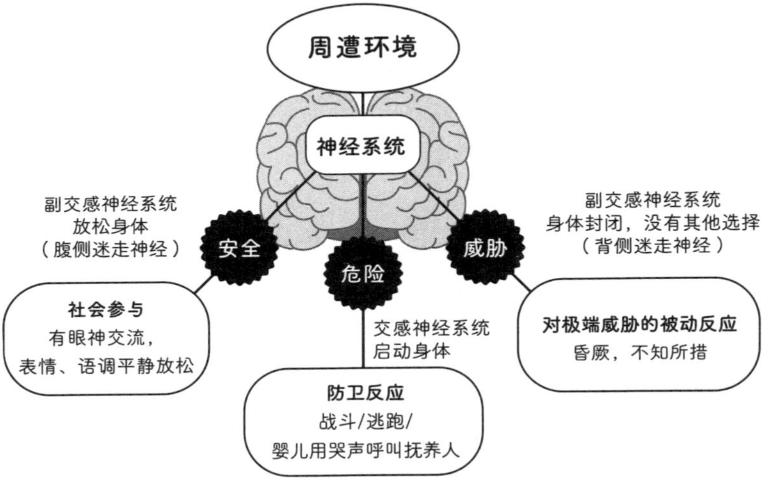

神经系统面对外界的反应模式

有些人是极度自给自足的。他们从不透过寻求他人的协助来调节自己，从不会诉说自己的问题，更不会要求和接受帮助。对他们而言，接受安慰是一种示弱的表现，甚至可能是危险的。他们对于情绪的理论是："自己的事自己解决""必须无条件坚强"及"我不需要任何人"。或许因为有着不愉快的成长背景，所以他们才会这样反应，又或许他们在人际关系中曾经有过不好的经验，以至于他们举起盾牌后便不愿再放下。但和他们所想的恰恰相反，他们并不是不需要其他人，他们只是把自己和别人建立联结、接受别人鼓励的需求埋得太深，以至于自己没有意识到。

而另一方面，有些人非常依赖他人。他们认为自己一个人无法平静下来，只能依赖其他人才能做到。他们通常觉得自己没有能力做任何事情，若不听从别人的意见，自己就无法做决定，而在遇到冲突时，他们会让别人去处理，或者听从别人的意见。这些人看世界的方式和上一组人大不相同，他们认为："没有你，我什么都不是""我需要被保护"或"没人爱我""因为我永远都觉得不满足，因为我过度渴望他人的关爱，以至于人们都远离我"。其实，他们对世界的信念并不能反映出自己真正的能力。他们拥有足够的自我调节的资源，远远超出他们自己的想象，只是不曾使用而已，因为他们总是等待别人的帮忙。这些依赖型的人会认为，"我很敏感"（这对他们来说，意味着自己无法做任何事来调节外界的影响），或"我是个好人"（"我为别人付出了一切，却不需要别人回报"——其实是他们不承认自己对回报的渴求）。

这组人的问题在于，如果没有良好的内在调节方式，外在调节对他们来说没有效用，而且他们总是依赖他人，当对方没有给予符合自己期待的回应时，他们也没有一个可使用或可求助的备用系统。这些人通常会因为没有得到自己所想要的东西而有所不满。他们越来越拼命地索求协助、支持或关爱，最终会将自己最重要的人际关系一段一段地摧毁，直到变成孤身一人。没有人能够给予我们所需要的一切，或我们曾经缺乏的一切。如果连自己都不给予自己足够的爱和信赖，那又能指望谁来给予你呢？

四种依恋模式，你是哪一种？

这两组人都和情绪脱节了吗？是的。在第一种自给自足的情况（也就是所谓的**回避型依恋**）中，这一点很明显。由于他们坚信没有人会理解自己，便将情绪和需求彻底消除。贝尔纳多就是一个典型的例子，他无法察觉自己的情绪，且在和他人的关系中也是如此。他缺乏理解情绪的能力，在他的成长过程中，没有学习过有问题的时候可以向他人寻求协助。所以，这是他最后才会想到的解决方案。除了他以外，马提亚尔也有着类似的行为模式。

第二组人（**焦虑型依恋**）看起来可能很情绪化，人们可能认为他们对自己的情绪有足够的觉察，但事实并非如此。他们无法接受孤独和被抛弃的感受，因为他们总是从他人的角度来观看自己。他们会释放出一些情绪，从而寻求他人的支持，同时又隐藏一些自己认为不会被接受的情绪。潘多拉就有这样的问题，她会希望别人理解自己，希望别人让自己平静下来，而恰巧都是她不会对自己做的事。如果他人给了我们情绪调节的帮助，而我们自己没有往相同的方向做自我调节的话，那么一切都是无效的。

在这两组人之外，还有两组人：一组希望在自我调节以及人际关系调节之间保持平衡（所谓的**安全型依恋**），另一组则在病态式的自给自足与情感依赖中间徘徊（所谓的**混乱型依恋**）。在下图中，我们可以看到这四种依恋状态之间的关系。

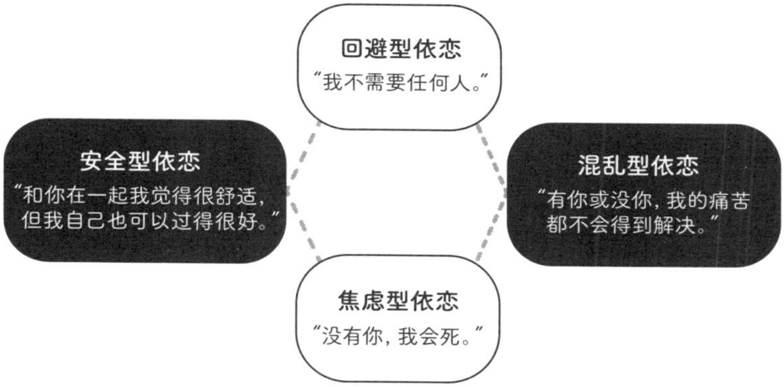

四种依恋类型

无论大脑如何运转，我们若不理解自己的情绪，就无法理解他人。我们可能会误判情势，或者觉得没有人能理解自己。即使我们告诉自己这不重要，自己一个人可以过得更好，但人体中一部分的调节，就是需要通过和他人的关系来完成的。如果你把自己和别人隔绝，也就阻绝了一种重要的调节资源——当我们的自我调节能力不堪负荷时，迟早都会需要这项资源。然而，我们也不能将自我情绪调节的主控权完全交由他人。我们必须为改善自己的系统负责，学会用不同的方式联系自己的情绪，也联系他人。

7

社会文化对情绪调节的影响

人们会依照文化以及特定的社会观点，而趋向显露或隐藏自己的感受。曾有人提出，在强调集体主义的文化中，压抑情绪的趋势会高过强调个人主义的文化。这意味着，当人与群体的关系受到强调时，社会价值观会看重人与人之间保持和谐关系的义务，因此人们会很看重其他人的感受和期望，将其置于个人的欲望和感受之上。如此一来，情绪会被压抑，无论是正面的（比如得意）还是负面的（比如愤怒）情绪，都不容易得到表达。

相对地，强调个人主义的社会中更强调独立性与自主性，人们认为与众不同是一件好事，彰显个性比群体和谐更重要。于是，表达个人感受（无论是正面的还是负面的）是有价值的，因为那意味着表达自我。

结合上一章所描述的依恋类型，我们会发现，特定的依恋类型在社会人口中所占的比例，会根据文化背景而有所不同。在集体主义文化中，比较容易有潜在的焦虑型依恋，因为人和人之间存在较多的相互依赖。而在提倡压抑情绪、把情绪留给自己以免冒犯他人的社会中，有更多的回避型依恋。

如此说来，有些文化比起其他文化更倡导表达情绪，那么其病理发展也会是一样的吗？在东方出生长大的人，会因为压抑情绪而遭受负面的后果吗？看起来，就一般的情感表达而言，西方社会（个人主义）所认为的负面影响，在东方社会（集体主义）中并不存在。此外，对于后者而言，压抑情绪的倾向会依照互动对象的角色而有所不同。他们比较习惯在孩子面前流露情感，而不在成年人面前流露；他们不会在父母面前表现出情绪，但与朋友互动时则有良好的心理健康状态——这和西方社会恰恰相反。这可能意味着，这种做法能够更好地适应他们的环境和文化标准，而这种良好的适应，也代表了一种更好的心理平衡。

然而，当遇到问题时，不让自己和情绪联结，或不把情绪表达出来，就算在典型的东方社会也是相当不利的。例如，患有乳腺癌的女性在压抑情绪时，尤其是压抑愤怒时，更容易产生抑郁。有些倾向于抑制情绪的女性，也容易通过进食来减缓焦虑。也就是说，和强调个人主义的西方社会一样，一旦试图控制情绪，就会导致相反的后果：情绪失控，或产生生理问题、人际问题等。如果情绪管理不稳定的话，调节系统会负责为极端反应寻求补偿，然后走向另一个极端。

社会文化水平也会影响抑制情绪的倾向。对于处在社会层级顶端的人来说，想要表达情绪比较容易。而对于社会底层的人来说，情绪表达很多时候是不被允许的，对他们来说，不表达自己的感受可能是最好的选择。对于那些工作不稳定、不满意或处于严苛职场环境中的人来说，最好不要向老板抱怨他的态度有多差。一个有稳定工作的人在遇到情绪问题时，或许能请一个长假，更不用说一位拥有许多职员的大老板了。金钱不能带来幸福的说法，可能会让我们想到有钱有权却不快乐的人；但事实是，贫穷对情绪管理和健康管理都没有帮助。缺乏各项物质和社会资源的人比较倾向于抑制情绪，也比较容易导致罹患心脏疾病的风险。

性别及相关的社会文化因素，也和抑制情绪有关。如果是在喀麦隆长大的女性，并且处在一段一夫多妻制的婚姻当中，就不得不“微笑并忍受”令自己不悦的状况。表现出真实的感受，甚至允许自己感受它，都不会使我们得到自己所需要的东西，反而会受到社会的排斥，并可能导致严重的后果。

男性与女性处理情绪的不同方式

男性和女性处理情绪的方式通常也会不一样，虽然这也受到了社会文化的极大影响。在许多社会中，男人会被迫回避脆弱的情感，正如俗话所说，男儿有泪不轻弹。并非所有的男人都会回避或抑制情绪，但是他们如果认同对男性的刻板印象，或者因为不符合这种形象而被排斥，抑制情绪的倾向会变得更强。

无论男人还是女人，逃避情绪或者不表达出来，都会带来强烈的不适感。由于谈论情感通常被认为是女性所做的事情，而男人这样做则容易受到批评，因此男性倾向于累积情绪，最终导致爆发。此外，由于和脆弱相关的情绪是不被接受的，所以情绪往往会逃往愤怒那一边。等到情绪严重失衡时，男人通常会寻求外界的调节方式，比如酗酒，而很少会为自己的抑郁状态寻求帮助。

我在很多不同的地方工作过，那些地方的男女就诊数量完全不平衡。在我服务的创伤与解离咨询计划当中，我看见较多的女性，而这些患者通常都是由当地精神卫生部门转介过来的。这是否意味着男性较少遇到心理健康的问题呢？这是一个颇有争论的议题，但我想他们的情绪管理差异有文化上的基础，也不否定有遗传的差异，这或许能解释为何男人和女人有不同的情绪处理方式。

另一方面，我在各地的社区旅舍、监狱以及游民庇护所中，看到了很多在童年或人生经历里有过严重创伤的人、无家可归的人，而他们大部分都是男性。男性在面对生活的难题时，往往试图告诉自己："男人必须坚强，必须自己解决问题。"因此，当他们被生活打倒时，也不会想到寻求帮助。当情绪泛滥而无法抑制时，他们会试图用酒精和毒品来控制情绪，虽然能起到暂时的麻醉作用，最后却会产生毁灭性的后果。相对地，女性比较擅长表露自己的不适感，会向自己所属的群体寻求帮助。而男性在面临重大的情绪问题时，通常会掉入社会体系的缝隙当中，被排除在体系之外。虽然男人在社会层面方面似乎具有优势，但在情感的领域，他们却常常输得一塌糊涂。

女性通常会使用多方位的情绪调节策略，无论效果是正面还是负面的。她们较常有反刍思维，但也比较有能力改变自己的观点，为问题寻找解决方案，接受事实并寻求社会协助。但这些能力并非总是有利于她们。例如：在一段受虐关系中改变观点，让自己学会适应，可能反而深受其害。无论如何，面对不适感，男人和女人似乎有不同的回应方式，但是那些有问题的调节情绪方式所造成的后果都大致雷同。如果我们倾向回避、抑制或控制情绪，或在情绪上钻牛角尖，那么迟早会导致生理和心理的疾病。

随着年龄的增长，我们在情感上会变得较有智慧。我们不再那么钻牛角尖，更能接受事实。在这一方面，女人似乎更加成熟，或许是因为她们对自己的情感世界更加了解。年长的人看似情绪没有那么强烈，也不经常表达内心的感受，他们对于情绪的掌握能力较好；但如果处理情绪的方式有问题，那么随着年龄增长，这些问题也可能会变得越来越顽固而难以改变。我们的性格特征可能会更加定型，而无效的情绪调节系统的负面后果会不断累积，直到无法控制。

因此，我们如果想要改变自己的情绪系统，就应当尽早开始。毕竟，并非所有的事情都能够随着时间推移而自动解决。

CHAPTER 3

第三章

表达情绪的艺术

1

了解自己的情绪处理方式

前文提过，改变的第一步骤是要清楚自己的出发点是什么。我们必须观察自己的内心，了解自己在和别人相处的过程中是如何处理情绪的。

观察内心的练习

我们来看看以下哪些句子会让你感同身受，进而思考该朝着哪个方向去努力：

- 我会回避一些感受。
- 我容易抑制或消除特定的情绪。
- 我的某些情绪容易泛滥。
- 我会尽我所能地控制情绪。
- 我有时候会感受到一些不属于自己的情绪。
- 我想要拥有比现在更多的感受力。
- 我容易被别人的情绪所感染。
- 我的情绪总是很敏感。
- 我的情绪太过强烈了。

- 我没什么情绪，至少别人都这样说我。
- 我会因为自己产生特定的情绪而生气。
- 有时我会因为自己的感受而羞愧。
- 我的感觉能够在瞬间转变。
- 我通常不是很清楚自己的感受。
- 我会感受到一些自己不应该感受到的东西。
- 我觉得我的情绪好像被麻醉了。
- 我会在自己的感受上不停地打转。

我们来看看这些基本情况：

（1）如果你无法清楚地察觉自己的情绪，尤其是某些特定的情绪

你可能会借由和他人比较才会发现这一点，或者是因为有些人说你冷血、不亲切，甚至是因为面对事情时似乎都没什么反应。或许你曾经用过不同的方式来感受情绪，但现在好像已经麻痹了。当别人和你谈论到情绪感受时，你可能会发现自己不知道要说什么。

你可以这样练习——

感受自身情绪的练习方式

- 学习往内看，观察并描述自己的身体在不同情境下的感受。
- 阅读相关主题的书籍，从而反省发生在自己身上的事情。
- 尝试和他人谈论自己的感受，虽然一开始可能会觉得有点别扭。可以练习使用“我感觉……”来开启对话。

- 看看某件事情是多久以前发生的，在发生之后，有什么未处理好的事情需要去解决。

（2）如果你过度感受，然后情绪泛滥

可以观察看看，你之所以会这样，是否因为过度强烈地感受了这些情绪，或是在无意识下滋养了它们。

你可以这样练习——

避免情绪泛滥的练习方式

- 观察自己的思维：我们常常没有意识到脑中的思想，也没有意识到它们对自己情绪状态造成的影响。如果我们发现自己产生了某种情绪，却告诉自己“我无法忍受这种感觉”，或愤怒地责问自己“我为何会有这样的感觉?!”，那么产生这些想法对我们的情绪而言，就好似火上浇油。
- 看看自己对于这些感受的感觉如何。如果我们被自己的感受吓到，那么恐惧就会因为情绪的叠加而倍增。
- 如果问题的重点是我们的情绪感受太过强烈，那么我们需要学习和情绪保持一定距离。一些冥想和正念的练习可以在这方面帮助我们。
- 无论情绪多么强烈，我们都能够自我调节。这一点请务必记得。
- 告诉自己“我做不到”并非明智之选。这会使情绪像马儿那样松开缰绳肆意狂奔。

- 检查看看，自己是否在某种特定的情绪上遇到困难？如果是，我们便应该在这个地方下功夫。

（3）如果你常常出现一些自己无法理解的情绪

有时，你会不明所以地被无缘由的悲伤、看似不属于自己的愤怒或巨大的恐惧感绑架。然而，没有一种感受是真正“与自己无关”的。那些情绪或许是从多年没打开的抽屉中冒出来的，或是从你自以为已经遗忘的经验，以及自己误以为不会被影响的问题里产生的。无论如何，这些情绪正在向你传递讯息，因此你必须停下来聆听它们。

关于聆听情绪，你可以这样练习——

聆听情绪的练习方式

- 停下来观察你的情绪。不要因为产生了不舒服的感受而去做负面的评判，也不要专注于消除它们。首先要去聆听，给情绪足够的时间向我们诉说。好好听听它们到底要说什么。
- 从自己的经验当中去探索过去是否有过类似的情绪，不管是在自己身上，还是在我们认识的其他人身上。如果能够找到这些感受的根源，便能够更好地了解自己。

（4）如果你倾向于回避情绪

也许你不想感受到情绪的冲击，当你察觉到情绪出现时，会想尽办法让自己的大脑远离它们。因此，你会避开使自己产生那些感觉的人、事、物。若在对话中触及了使你不愉快的事情，你便会转移话题。你可能会回避某些特定的情绪，比如害怕被恐惧、愤怒或悲伤所淹没。当身边的人出现这样的情绪，你也会倾向于回避。

关于面对情绪，你可以这样练习——

面对情绪的练习方式

- 如果最大的问题是回避，那么最主要的功课就是学会面对。我们必须正视自己至今一直在回避的事情，和它好好相处，直到能够习惯去感受它。必须承认，这样做一开始会不舒服，需要花费很大的心力，但随着时间推移，这样做会变得越来越自然，你也会逐渐掌握方法。

（5）如果你总是想要控制自己的感受

你可能会告诉自己，对待情绪不能心软、不能认输。你有一套严格的规矩或法令，来决定自己的情绪该怎么运作。你总是将情绪往下压，不准它们冒头。你极力统治情绪，不断地和自己的感受作战。

面对压抑的状况，你可以这样练习——

不压抑情绪的练习方式

- 如果控制主导了你和情绪的关系，那么恢复对身体的信任是最重要的事。
- 想一想，你是否不愿意让某种特定的情绪流露出来？那个让你不舒服的情绪到底是什么呢?

- 偶尔依靠直觉行事，让生命多一点弹性，自然地表达自己的感受。也许你不喜欢这样的改变，但不用怀疑，经历了改变的过程，你将获得更高质量的内在安全感，以及其他超出预期的成效。

（6）如果你总在自己的感受上不停地打转

每转一圈，那些情绪便会增长一分。反复追问自己“为何有这些感受？”“为何会发生这些事情？”或者“事情为何会变成这样？”，是不会得到任何答案的。我们会因为自身的感受而批评自己，不断地斥责自己。这会使最糟的感受成倍增长，像雪球越滚越大，终于失控。

为了避免钻牛角尖，你可以这样练习——

停止钻牛角尖的练习方式

- 最重要的功课就是，把这些有害的想法转变成对自己有帮助的想法。我们将在第四章详细介绍如何做到这一点。

（7）如果你的情绪走入了死胡同

你会感到悲伤，但不去发泄，也不向他人倾诉或寻求安慰；你感到愤怒，却不捍卫自己的权利；你感到恐惧，却不会以有效的方式保护自己；你有喜欢的事物，却不敢大胆追求。一旦我们不理会情绪，拒绝前往它指引的方向，情绪就会不断累积。

你可以试着这样练习——

跟随情绪的练习方式

- 情绪本身就知道有哪些步骤、该去哪里——随着时间流逝，你就是知道。如何开始行动、如何解套并不是那么重要，重要的是跟随自己的内心。

关系中的情绪：自主和依赖的平衡

如何管理对别人的情绪，也是一个重要的议题。我们真的能清楚地感知到对方的感受吗？还是会有点模糊？我们对于辨识他人的情绪会感到困难吗？当对方表达感受时，我们会感到舒服还是不舒服？对于不一样的情绪，会有不同的反应吗？我们和哪些情绪相处得不够好？

很多时候，我们最无法在他人身上辨识的情绪，或者最不能容忍的情绪，恰恰是我们自己内部处理得最不好的情绪。在观看自己内心时，你可能常常无法意识到这个层面；而通过这样的观察角度，能够更多地了解自己的情绪是如何运作的，也可以借此更了解别人。

其中，要去辨识的核心议题是：**在与自己及他人相处时，我们是如何调节情绪的**？我们从来都是自我调节，无须求助于他人吗？如果不借由他人的协助，就无法使内心平静或激励自己吗？还是我们能自我调节，但有需要时会寻求他人的协助，却不会因此感到抱歉？

我们通常会有某种倾向，而非通过各种方式均衡地运作。例如：我们可能从对某人非常依赖，转变成对他非常生气，以至于不想再见到他。

若想改变这个状态，你可以这样练习——

在关系中处理情绪的练习方式

- 如果你不知如何表达自己的坏心情并接受安慰，那么必须学习这一点。即便有时你在不开心的时候会说“我何必去麻烦别人？”“这没那么重要”或“我自己可以的”，我们还是应该去找个人聊聊。也许你会觉得别扭，但这是一个好的征兆：你是在改变自己的行为模式。
- 如果你总是通过别人来调节自己，那么你的功课则是学会独处。尝试在没人陪伴的情况下，做一些本来需要别人陪你做的事。
- 学习使自己平静的技巧，学习分散注意力。比如，练习放松或冥想，换一种方式与自己对话。
- 如果你总是从一个极端跳到另一个极端，就要学习从不同方向调整自己的反应，思考平衡点在哪里。

2

和每一种情绪好好相处

接下来，我们来观察一些特定的情绪。

有时，我们的问题并非和所有的情绪有关。每个人通常有自己偏爱的情绪，以及相对难以忍受的情绪，但我们必须和所有情绪和解，因为不同情绪间也需要互相达到平衡。这就像画画一样，想要描绘现实，我们必须运用所有的色彩。

小时候，我们只能感受到一些未被明确定义的感觉，顶多有一个“传感器”告诉我们那是不愉快的感受，而且自己得做些什么。于是我们便开始哭泣，如果幸运的话，会出现一个能够了解我们的需求、知道该怎么帮助我们的人。若是我们在能够妥善处理自身情绪的人的照顾下长大，也能够学会辨识自己的情绪并妥善处理它们。但是如果你已经读到了本书的这个章节，还找不到改变自己情绪调节方式的重要理由，那么或许下面这条会是一个理由——为了陪伴孩子，使他（她）健康地发展情感。因为你只有掌握了情绪调节的技能，才能将其更好地传递给孩子。

许多原因都可能阻断某些情绪的发展，但我们永远都有机会和自己不喜欢的感受重修旧好。和自己的情绪和解，也就意味着和自己和解，和自己的过往以及他人和解。

虽然科学家们对于哪些是全人类都有的基本情绪，哪些是较复杂、较特殊的情绪或情感仍有许多争论，但我们可以从一个比较务实的角度来思考这些问题。由于当下的首要事务是要改善情绪调节，所以不管是有问题的情绪，还是较复杂的情感，最重要的问题是如何与它们相处。

接下来，我们会讨论不同的情绪状态。关于情绪的核心概念如下：

- 所有的情绪都有正面的功效，我们必须学习理解并尊重它们。
- 回避、抑制或控制任何一种情绪，都会阻挠其处理过程。
- 放任某种情绪，不做任何调节，也一样会产生问题。
- 我们必须了解自己目前的情绪，以及它与其他所有情绪之间的关系。
- 就如同其他所有的情绪一样，目前的情绪也在诉说关于我们自身与周遭正在发生的状况，并引导我们去处理某些重要的事情。
- 处理特定情绪的方式，通常和我们的人际关系经历有关。

现在，就让我们来一一探讨这些情绪，并想一想自己和它们相处得怎么样吧。

恐惧：勇者也会害怕

恐惧和焦虑有着密切的关系——后者是前者的病态版本。当我们感到恐惧时，身体会被激活，准备对异常的情况做出反应：心跳会加速，让血液将更多的氧气及养分输送到各个组织中，四肢的血管会紧缩，将血液集中到中枢器官当中，因此我们会感到双手冰冷。此外，呼吸会变得更快，让更多的氧气能够进来，然后肌肉会开始紧绷，随时准备奔跑。不仅如此，当我们感到恐惧却无法走动的时候，我们通常会双腿发抖。

由此可见，恐惧具有正面的效应：帮助我们做好准备，将注意力集中在刺激我们的问题上，并且更有效地面对这些情况。**没有恐惧成分的勇气，反而是一种无感的状态**，会让我们暴露在严重的危险之中。

恐惧的问题，会发生在其激活的反应大于所准备的行动时，或是恐惧的程度和我们所处的情况的严重程度不对等时，也可能发生在当我们阻断防卫机制，即便意识到了危险，却也无法做出保护自己的事情时。

那么，通常什么事情会引发我们的恐惧呢？下面就是一些例子：

- 瞬间的危险。
- 和危险情况相关的事物，可以类推到所有看得见的事物，包括很久以前出现的和危险相关的事物（这就是导致恐惧症的原因）。

- 新的状况，特别是那些未知的、没有任何参考信息的事情。
- 失去支撑的感受，也就是当我们瞬间坠落，或在脚下看见深渊的时候。在新生儿身上便能看见这种反射（莫罗反射[1]）。
- 疼痛，以及对疼痛的预期。

每个人性格不同，在面对恐惧时的反应也非常不同。有的人带着太多的恐惧来到世上，是易受惊吓且胆小的孩子。也有人不懂害怕为何物，所以会爬到树上或探出窗外，完全没有意识到危险。这些与生俱来的性格特征，会依照大人对我们的抚养方式，以及我们个人的生活经历而成形。鲁莽孩子的母亲通常会跟在他后面，不断重复一句熟悉的“咒语”：“小心点！快从那里下来！你会摔倒的。”而如果孩子不理她的话（这种情况常常发生），母亲便会马上采取行动。而对于较胆小的孩子，他的父亲则会一再为他加强信心，直到他能够骑上自行车或跳到水里游泳为止。

但是，如果我们在凡事小心翼翼或者粗心大意的父母的照顾下长大，又会如何呢？一个怕东怕西的抚养人，非但无法帮我们对事物消除恐惧，反而会因其担忧和不安全感而放大我们的恐惧。而一个不够谨慎的抚养人，则会让我们

1. 莫罗反射：婴儿反射的一种，当婴儿的身体在瞬间被抽离一个物理支撑点时，他们会有惊跳反应。

陷入危险中，甚至不会向我们预警（他们的口头禅可能是：“让他去吧，不会怎么样的！”）。这样一来，我们的恐惧感便会往不同的方向发展。

多年前我有一次坐飞机旅行，飞机因为遇到了气流而不断颠簸，很多人都开始感到害怕。突然，后面的座位开始传来一阵笑声。我回头望去，看见一位父亲在每次机身晃动的时候，就拍着手告诉他年幼的孩子：“准备好，又要来了哟！”那位父亲非常冷静，把飞机晃动当作是一种游戏，而孩子也玩得很起劲。

那时我便想，这孩子长大后对飞机大概不会有恐惧了，但他现在还很小，以后肯定不会记得自己为何那么爱坐飞机。与之相反的是，我邻座的女士紧握着座位的扶手，力度大到手指几乎要陷进去。这位女士若是有孩子，孩子可能也会有飞行恐惧症，甚至在他还没机会坐飞机的时候，这种恐惧就产生了。他可能没有被飞机惊吓过的经验，但是他会在母亲讲述这段经历的神情中看到恐惧，这份恐惧便和飞行有了联结。

在本书开头所有经历糟糕的一天的人物中，潘多拉的恐惧问题最为明显。当恐惧产生时，她对于即将要发生的灾难的预感便会加倍。潘多拉从小的性格就比较容易紧张，她的恐惧感会被轻易激活，而母亲的担忧更加剧了她的这种倾向。由于她又习惯借由旁人来调节自己的情绪（这是她家族特有的焦虑型依恋特征），她几乎没有学到过任何自我调节的方法，她不相信凭借自己的力量可以做到。她最大的问题并非对于事物的恐惧，而是对于恐惧情绪的反应。她和恐惧之间的关系并非良性的关系：因为不想感受到恐惧，所以尽力回避所有可能引发恐惧的事物。这在短时间内看似能解决问题，但在不久后，她的恐惧再度增加了。潘多拉必须学着去面对才行。

伊凡的问题则完全相反：他感受不到恐惧（虽然恐惧确实存在于他的心里），这让他在和老板争吵时无法忍耐怒气，也无法使他预见自己将要失业的后果。

了解到这一点，当我们感到恐惧阻碍了自己，或察觉到自己缺乏谨慎态度的时候，就可以调整我们的行为模式，以免白白冒险。

应对恐惧的问题，通常有这样两种训练方法：

第一种方法，类似于将正在学习游泳的孩子直接丢到他无法站立的泳池中央，并确信只要他没溺水，便最终能学会如何游到对岸。不少人都是这样学会游泳的，但会留下不愉快的回忆。

第二种方法则要有足够的耐心和毅力来逐步进行，这通常是一个比较温和且不会造成创伤的学习方式，但得花较长的时间才能看到成效。因此我们必须要相信，只要将自己持续、逐渐地暴露在害怕的事物面前，随着时间流逝，我们对它的恐惧也会消失。我们可以将自己的恐惧视作一个孩子，我们正在协助这个受惊的孩子获得安全感。通过陪伴、传递安全感以及协助他们面对，孩子的感知会有所改变，他们会逐步理解到：感觉到恐惧，并不代表一定有危险。

这种方法也能用来训练我们应对事物的能力。当内心拉起警报时，我们便启动了恐惧，同时我们也会扫描周围环境，以确认是否有担心的必要。如果省略了第二个部分，闭上双眼不去观看，便无从确认所发生的事是否真的有威胁。

想要去除恐惧，必须正视现状，并对此进行思考。若有危险，便需要采取保护自己的措施；如若没有，就可以让自己的身体放下警戒。或许我们在短时间内还会有恐惧的感觉，但总会慢慢理解，那只是“残留在身体里的恐惧感”而已，我们的身体是能够承受它的。所以，我们可以允许残存的恐惧感留在那里，直到自然消失。

直视最深层的恐惧，并不会使我们崩溃，反而会使我们的恐惧变得越来越小。暴露疗法就是基于这种规律，并且被证实对于减缓创伤后的压力很有效。由于这样的人会回避所有让他们回想起创伤经历的事物，所以会越来越陷入恐惧之中，且恐惧感会不断蔓延。而解决这些问题的方式，就是夺回内心被恐惧所占据的地盘：与其回避，不如面对。

然而，也有人的恐惧问题发生在另一个极端：他们完全意识不到危险。他们喜欢冒险，甚至会追求能刺激自己的极限情境；有时候处在一段危险关系或有害的情境当中，却觉得这些因素不足以让自己离开它们，这可能是因为他们和恐惧脱节了，也有可能纯粹是被吓傻了。又有些时候，他们明明能够察觉到恐惧，却不允许自己感受它。战场上的士兵们就不允许自己承认恐惧，因为这种情绪和他们英勇善战的形象不符。但如果无法良好地感知恐惧，恐惧便无法给我们带来正面的效果，从而让我们暴露在风险之中，甚至直接走向危险。

和恐惧相处，我们可以这样练习：

- 不带任何负面观点，直视恐惧，并将它视为可以恢复的问题。
- 在行动前，学着先反思。对于会过度恐惧的人，也许这是危险的事情，但对于较鲁莽的人来说，这能够帮助他们思考自己有可能犯下哪些错误。
- 回想恐惧情绪在我们生命中是如何发展的，察觉使我们感受恐惧的情境是什么，以及在这样的情境下感到恐惧是否合理。如果恐惧情绪被阻塞了或被麻痹了，那么试着理解阻塞它的根源，就能够有助于我们改善这个状态。

愤怒：该生气时就要生气

愤怒或愤恨，与思维上的敌对性和行为上的攻击性有关。愤怒与自我保护的本能相关。当外界对身体的刺激达到极点时，我们的心率和血压会上升，肌肉也会因要为准备战斗而紧绷，内在的感觉会变得强烈，语气也会变得不友善。

什么事情会激发愤怒呢？下面是一些可能的状况：

- 必定或可能造成伤害的事物。
- 与造成伤害相关的事物。
- 令人沮丧的情况。
- 当我们正在做一些激励自己的事情，却被打断的时候。
- 遇到不公平的情况，或违反我们价值观的事情。
- 使我们开心的事物被夺走的时候。
- 行动不便，不但身体无法行动，心理上也陷入停滞状态。

和愤怒保持良好的关系，能使我们变得更加坚定，在面对冲突时更加强大，能更好地保护自己，并为想要的东西而奋斗。

就和其他任何情绪状态一样，如果我们去设想它最坏、最极端的版本，便会将其视为一个问题。在这种情况下，我们可能会无意识地压抑它。的确，当人类被愤怒所蒙蔽时，会对彼此造成极大的伤害，甚至连最微小的愤怒（无论是否表现出来）都能伤害到他人。

然而，愤怒与其他情绪状态一样，也具有健康的功能，是我们的生命不可或缺的。在理想的世界中，我们无须捍卫自己或为自己而战，但那样的世界并不存在。如果我们只是把愤怒与处理不当的经验联系起来，从而拒绝愤怒，就会失去一种重要的情绪资源。

抑制愤怒，甚至也和抑郁有关。也就是说，抑郁不只是过度悲伤的问题而已。如果抑郁背后的问题是我们不允许自己感到愤怒，或许解决方式不是告诉自己“一切都会过去的”，并坚信抑郁情绪会自行消失，也不是服用抗抑郁药（因为这并不会改变我们对于特定情绪的处理方式），更不是建议自己“尽力就好”（这是一个善意而无用的建议，等于告诉一个抑郁的人“别再沮丧了”）。也许对于某些抑郁症患者来说，解决的方案是允许自己去感受愤怒，并向他人表达出来。

讽刺的是，抑制愤怒的另一个可能性后果是：怒气会无法控制地爆发。**许多暴怒的人都受到压力锅现象的困扰**。压力锅在快速烹调方面非常有用，因为食物在锅中受到了高度的压力，能使烹饪过程缩短。然而，压力锅能顺利运作的关键之一就是其顶端的泄压阀。如果没有泄压阀，锅里的压力无法停止，锅就可能因为加热过度而爆炸。如果我们因为害怕失控，或为了避开别人的负面回应而不允许自己生气，就会变成一个泄压阀被堵住的压力锅。

当怒气积累到极限而爆炸的时候，我们对于“愤怒是有害的”以及“无法平静地表达愤怒”的信念便会再度加深，然后陷入新的恶性循环。当怒气爆发时，我们的情绪能得到短暂的纾解，但罪恶感也将随之而来。如果曾经受过别人的怒气或暴力，看到自己这么做，可能会产生更为强烈的罪恶感和羞愧感。但这种内疚不会改变我们的行为模式，反而会使我们更用力地堵住泄压阀，进而导致下一次爆发。

在本书开头的人物中，伊凡的愤怒问题最为明显。他无法调节怒气，也根本没有打算尝试。但正如我们所讨论的其他案例一样，愤怒不是伊凡唯一的问题。他所感知不到的其他情绪，比如恐惧、悲伤或羞愧等，也有可能使他感到不适。但他并不知道原因，他唯一的选择就是发怒。

然而，其他的人物也有与愤怒相关的问题。潘多拉太害怕冲突，以至于她无法对其他人良性地发怒。阿尔玛无法流露愤怒的情绪，因为这种情绪在她儿时遭遇霸凌的时候就被阻塞住了。无论是潘多拉还是阿尔玛，都会把怒气转向自己，因为和别人发生矛盾而对自己生气。对于贝尔纳多来说，所有的情绪错综复杂，以至于他无法清楚地察觉其中有愤怒的元素。索利达的内心也有许多愤怒，但她从来都不允许自己抒发，也不允许自己感受这些愤怒，而这也助长了她的抑郁倾向。对于他们所有人来说，知道如何感受与表达愤怒都是非常有益的事。这样，他们会更有能力面对困难，知道如何坚定立场，在必要的时候说“不”，争取自己所想要的事情，并且能够感到自己变得更为坚强。他们每个人都必须找到自己和愤怒情绪相处的方式。

马提亚尔最能够清晰地感受到自己的愤怒，但他决定不将其表达出来，因为他认为那样做不对。正是因为他对自身情绪的严格管控，所以我们会在他和老板的争吵中看到压力锅现象。他越是用力遏制，压力就上升得越高，而这会导致许多负面的结果。

向擅长说“不”的人学习

任何有愤怒问题的人，都必须学会感受它，并加以调节。在所有使我们感到不舒服的状况中，当我们感觉自己的需求不被尊重或回应时，必须学会坚定立场，学会说“不”，并声张自己的需求。

当然，要学会优雅、有效且适当地发怒，并随时调整自己的反应，并不是简单的事情，这完全是一门艺术，需要持续练习才能掌握。刚开始做这样的改变时，我们可能会变得过分僵化，以为说“不”就是绝不妥协，以为声张自己的需求就意味着要求别人用自己想要的方式来做事。

不妨看看身边那些能够优雅、有效、富有弹性地并适当表达自己需求的人。将这些人视作榜样，能够帮助你塑造自己的表达风格。那样的人说“不”的时候总是很坚定，也无须提高音量，但所有人都能明白，事情没有任何回转的余地。

有些人不会抑制自己的愤怒情绪，反而习惯放纵它。也许是因为他们觉得故意不去控制情绪，能够帮助自己做成一些重要的事情。例如，有些小孩感受不到自己所需要的情感联结，但通过不良行为，他们能够获得某种程度的关注。但他们意识不到自己为何会这样做，他们宁可被处罚，也不愿被忽视。站在孩子的立场，若是不被看见，就等同于没有存在感，这在童年时是无法被接受的。此外，他们也有可能在自己或周围的人身上看见，暴怒是可以获得补偿的。很多人误认为自己无须为说过的气话负责：“你别在意，那不是我的本意，我是因为生气才会那么说的。”他们以为这样说了就会没事。

人们希望借由怒气的爆发，能够获得用其他方式无法获得的事物：有可能是物质的东西，有可能是某个人的关注，或是别人的服从。当人们觉得自己需要这些东西，却又不知道如何承认、表达或索取的时候，便会转而使用发脾气的方式来提出要求。但是，愤怒对于人际关系所造成的破坏，会使我们和自己的需求离得更远。

一般来说，当人们试图控制自己的愤怒却未能成功，就可能会产生和抑制相关的另一种情绪问题。例如，许多人无法承受悲伤，或者察觉不到它，便会反射性地发怒，因为那是一种完全相反的情绪类型。悲伤使我们脆弱，而愤怒却能提振精神，给我们力量。此外，愤怒也会为我们的羞愧感提供出口。当我们无法承受羞愧感，或是觉得自己快要被它吞噬时，发怒会使我们远离羞愧情绪，就像在转换频道一样。但问题是，当我们从一种情绪快速转换到另一种情绪时，不会记得原本的情绪是什么，以及它意味着什么。若是我们不去聆听自己的情绪，便无法了解内心的世界和周围的环境，也无法了解其他人。

“放轻松，稍等一下”

如果想要以健康的方式来处理愤怒，就要与它和解。这就像是要驯服一匹脱缰的野马，我们先要温柔、缓慢而不带有恐惧地和它说话，这样马儿就会觉得舒适，也更容易和我们沟通。

我们可以学习告诉自己：“放轻松，稍等一下，我们来看看能做些什么。”比如在人际关系中，可以站在对方的立场思考，想象对方听到我们想对他说的话时会有什么感受。如果我们所要说的事情是重要的，就不应该沉默，而是要选择适当的词汇和语气，好好地把自己的想法说出来。

刚开始的时候，我们可能很容易出错。比如我们尝试表达自己的不适感时，可能会用过高的音调讲话，会打扰别人或者变成抨击别人，这都是很正常的。一般来说，如果我们使用这种方式，对方会感到不悦，但如果继续练习，便能够像是在弹奏乐器一样越来越上手，甚至能够演奏出不同的音乐类型。

当我们对愤怒的处理达到如此精湛的地步时，便能够很自然地说出“这个我不喜欢”，或“你这么说让我很伤心”。对于我们所珍惜的人，我们可以使用温柔的口气说出这些话；而对于一个会伤害我们且不够珍惜我们的人，我们会坚定但平静地说“这对我来说无法接受”，或“如果没能获得某样东西，我只好去其他的地方”。以这种方式处理愤怒的感受，好过一味忍受或突然爆发，也会给我们带来更有利的结果。

悲伤：让它汇流成河，注入大海

悲伤和痛苦的感受有关，而所有的痛苦都有其缘由。什么样的事情会让我们产生悲伤的感受呢？下面是一些例子：

- 远离或失去我们原先所依恋的事物或关系。
- 在我们想要完成的重要目标上遭遇失败。
- 对某人感到失望。
- 觉得自己很无助，面对突如其来的事情无能为力。
- 在某种紧张的情况结束之后，压力终于得到释放，情绪奔涌而出。
- 缺乏鼓励和陪伴。
- 慢性疾病，以及身体疼痛。

悲伤的原因是各种各样的。我们的身体会自动回避痛苦，就算做不到，也会尽量减轻痛苦的感觉。有些人完全无法察觉悲伤的情绪，因为他们一直和无法意识到悲伤的人在一起，或者环境迫使他们断绝和痛苦的联结。阻绝一种情绪，除了会使我们对正在发生的事情失去判断之外，也会导致我们无法辨识另一种情绪。

我是在长期治疗一位患者并多次见到她哭泣后，才了解到这个情绪的关键。在一次治疗中，她告诉我："我想，这大概是我这辈子第一次真正的哭泣。"这位女士的描述，很好地反映出了悲伤、无助和绝望的结合，与单纯的悲伤之间的区别。

悲伤看似复杂，其实是一种简单的情绪。**悲伤就像一条河流，只要顺着天然的河道流动，便一定会流向大海。在那里，它会被稀释，然后转变成其他东西。**即便处在暴雨季节，就算我们什么也不做，雨水也会沿着自己的渠道流动。之所以会发生水灾，通常是因为河床受到人为干涉。如果某一块土地没有可以排解雨水的系统，那么当雨水降下，就有可能造成泛滥。

和悲伤相处，我们可以这样做：

- 当某件事情发生，我们无法承受的时候，悲伤就会被放大。如果不去干涉，悲伤便能自然流露，因此我们必须允许自己感受它，然后它就会慢慢消失，让我们回归本来的生活。
- 当我们感受到悲伤时，它会反映在脸上，使其他人靠近我们，问我们：“你还好吗？你看起来脸色不太好。”如果是关系亲近的人，我们就会回答说：“我今天过得不是很好。”如果是面对好朋友，我们会更敞开心扉。谈论使自己难过的事情，就好像河水被河道的一条分支分散掉了一样，我们的一部分悲伤也在别人那边得到了稀释。
- 当别人对我们的悲伤感同身受的时候，他们理解的眼神和关爱的举动就像附有止痛剂的纱布，小心翼翼地包扎在我们的伤口上。一个懂我们的人给予我们拥抱，告诉我们“我会在这里陪你”，是最能够稀释悲伤的了。所有悲伤的深处都隐含了某种我们所失去的东西，而和另一个人的深度相遇，是治愈悲伤的良药。

如果你读到这一段，对上述的情况感觉有所排斥的话，那么你很有可能正在建造自己内心的“河堤”。不妨检查一下，你是否属于以下这几类群体：

- 有些人会对公开表露悲伤感到很不舒服，他们会害羞，并且认为那么做会让自己看起来脆弱。
- 有些人认为，一旦开口，情绪便会溃堤，一发而不可收拾，自己则会被淹没。因此他们会将情感的闸门用力关闭，把泪水往心里吞。
- 有些人在困难的环境中得不到任何协助，不得不发展出极端的自给自足。虽然当时他们必须自力更生，但当环境发生改变后，这么做对他们已经没有好处了。有自主性是好事，但是在需要的时候不懂得向任何人求助，就等于扭伤了脚却坚持不使用拐杖，而这样一来，得花更长的时间才能痊愈，即使痊愈了，再度扭伤的可能性也会变得更大。
- 有些人可能不信任任何人，认为显露自己的情感等同于将弱点显示于人前，会被别人拿来对付自己，很不安全。

为悲伤建立河堤的原因有很多，而想要解决问题，想要真实地哭泣并得到解脱，就得打开闸门，让河流顺着天然的河道流淌。设计大型水库的工程师很清楚这些机制：当水库的水太满，就必须打开闸门，里面的水起初会依水压流出，但之后就会慢慢地自动调整。不需要炸毁水库，只需要稍微打开门，谈一谈我们的痛苦，允许自己掉下几滴眼泪，就会大不一样。

如果我们很难释放悲伤，或者很难向他人倾诉，那么解决方式就是一步步地慢慢练习。我们可以选一个自己信任的人，和他谈谈自己怎么了。要知道，我们脑中诸如“我不喜欢被别人可怜”“别人若是看到我脆弱会利用我”或“没有人会对我的问题感兴趣”之类的想法，都只是一种信念而已。所谓信念，是为了理解特定情况而对于世界与人际关系所产生的观念，但无法百分之百地套用到所有情境、所有关系之中。

当然，我们不需要将自己的弱点告诉敌人，而且有些人听到你的问题时，也确实会不知所措（通常是因为他们面对自己的问题时，也会不知所措而选择回避）。但这不代表我们要把这样的经验套用到所有人身上。“永远”以及“永不”这样的词，无法反映全部的现实。我们确实可以找到能够证明那些信念的案例，但若我们足够坦诚的话，就会承认，相反的情况也是存在的。

悲伤的另一个解药，就是拥抱。虽然这对很多人来说可能会是一个挑战。那些能够拥抱别人，能够通过肢体动作表达关爱的人，往往能够更好地享受身心健康，也会拥有较高质量的人际关系。

拥抱并非人类特有的现象，在其他灵长类动物中也是存在的。美国心理学家哈利·哈洛（Harry Harlow）曾经做过一个知名的实验，他让一些刚出生的小猴子在一盘食物及一个表面用蓬松羊毛覆盖的人造母猴之间做选择。实验发现，虽然食物摆在面前，但所有的小猴子都选择了拥抱人造母猴。物种的智慧告诉它们，和他人的接触是至关重要的，缺少了这一点，它们便无法生存。

由此可见，拥抱能够减缓不适感。但原因究竟何在呢？美国心理学家麦克·墨菲（Michael Murphy）和他的同行们做了一项研究，观察了人们在同一天内，同时发生人际冲突和获得一个拥抱的话会发生什么事。有趣的是，在一开始，那些受到拥抱的人比没被拥抱的人察觉到了更多的负面情绪，仿佛感受到拥抱会让自己心情更差；然而隔天，那些受到拥抱的人心情变得越来越好，而没被拥抱的人却没有这样的反应。

由此可见，接受安慰能使我们允许自己更强烈地感受负面的情绪。我们应该让自己的悲伤流露出来，从而接受拥抱。如果你有抑制情绪的倾向，可能会害怕这种不适感，但是，一旦你走上了改变情绪调节模式的旅途，便会知道：和情绪联结，让其自然表露出来，并允许自己感受情绪，是让感情恢复平衡的必经之路。

如果觉得困难，可以逐步推进这个过程。首先是停下来察觉自己的感受。如果你觉得处理悲伤是一件特别有难度的事情，可以试着仔细观察自己每天的情绪变化，便能发掘过去用其他方式没有注意到的事情。

试着一天一次，将双手放在胸前，观察自己的呼吸以及内在的感受，并回想当天和前一天所发生的事情。在每一个情境里停下来，仔细观察。或许我们能够察觉到更细微的感受。如果无法察觉，可能是因为我们和情绪脱节得太严重了。但只要坚持每天练习几分钟，便能够重新与自己的内心建立联结。

如果发现悲伤的感受被憋住了，可以来做做下面的练习：

感受悲伤的练习：

- 紧握双手，就好像要紧紧抓住你的痛苦与悲伤，且不再让它们离开一样。
- 一边紧握双手，一边观察体内的感受，尤其是胸部和腹部。试着感觉体内的气流是在上升还是在下降，会维持还是会变化。
- 让自己维持这个姿势一分钟，任凭气流上升或者不适的感觉产生，然后慢慢地松开双手，并观察自己的感受如何。
- 一边这么做，一边告诉自己："我可以释放我的悲伤。"
- 另一种方式是，在吸气的时候握紧拳头并观察体内的感觉，憋住呼吸几秒钟，然后一边张开双手，一边慢慢地吐气（用两倍的时间），直到感觉肺部清空。

总之，身体可以帮助我们的情绪学会放松，找到别的解决方法，并解除障碍。

还有一种练习，是和照顾悲伤有关的：

照顾悲伤的练习：

- 试着去想一件会让自己难过或心痛的事，且观察自己的身体几分钟。

- 我们的感觉通常会集中在身体的某一个区域。以一种安抚的方式将手放在那个部位，无须按压。
- 把那种感受想象成自己最喜欢的一只小动物，或一个小婴儿，而且心情不好的是它/他，不是你自己。
- 想象你正在用手安抚那只小动物或那个小婴儿，拥抱它/他，想象让它/他躺在你的胸口休息，感受你身体的温度，随着你的呼吸轻轻摇晃。你可以对它/他说话或唱歌，告诉它/他："我就在这里，我会学着照顾你。"你可以待在它/他身边，陪伴它/他。慢慢来，不用着急，不用试着让它/他走开。你所要做的，只是单纯地给予它/他所需要的时间。
- 如果你脑中出现了会滋养不适感的想法，可以观察它们，并让它们像云一样飘散。如果它们拒绝离开，就用一句有效短语来坚定自己的信心，比如："我能学着照顾自己的感受。"
- 如果这项练习让你感到更难过或想哭，就告诉自己："我可以放开它，我可以让它出来，也可以让它离开。"过一会儿，我们慢慢地呼吸三次，轻轻地吸气，然后用两倍的时间慢慢吐气。
- 一旦完成上述练习，如果可以的话，出去散散步、晒晒太阳，找一个舒适的环境待着。不要无谓地反刍悲伤，要允许自己透透气。

在本书开头的案例中，索利达就缺少这种能力。其他的情绪问题暂且不说，她的悲伤问题已经非常明显了，这让她强烈地想要自我放弃。正是这种自我放弃的倾向——而不是悲伤本身——使她在面临糟糕的一天时，会毫无抵抗地掉入无底洞。我们的情绪就像小动物一样，需要受到呵护才能够慢慢好起来。

一旦我们能够用呵护的态度和自己的感受互动，下一步便是用更专业的方式来处理悲伤，以及寻找知道如何拥抱的人。拥抱对于很多家庭来说是一种陌生的语言，有些人甚至会这样定义自己："我不是那种会拥抱别人的人。"能够改变这一点当然最好不过，但并不容易。有时候，人们可以通过练习来改变自己的习惯。例如，有些人会因为有一个较亲密的伴侣而学会拥抱，有些人则是想要改善自己和孩子的关系。有时候，人们可能会有一种不舒服的感觉，甚至因为过去的经验而对亲密感或亲近他人的行为感到恐惧。这时候就需要通过心理治疗来解决。

无论如何，我们要记住两件事：第一，学会拥抱能带来很大的益处（哈洛实验中的那些小猴子清楚地知道这一点）；第二，无论用什么方式，拥抱总是可以做到的。即便感到别扭，也不要忘记：化解悲伤最好的方式就是拥抱。

话虽如此，但拥抱也只有在我们愿意尽情哭泣的时候才有效。若我们一边难过，一边忍住悲伤，并因为自己会哭而生气或羞愧，那这就不仅仅是悲伤的问题了，而是这些感受无法真正得到释放的问题。如果内在的系统没有朝向自我安慰的方向，那么外在的安慰便无从进入。

你如果认为这很困难，就必须停下来看看困难点在哪里。这有时能够帮助我们获得新观点。如果回顾过去对你来说很艰难，或令人恐惧，那么最好和一位朋友或治疗师一起展开这个过程。如果你觉得接受安慰很困难的话，那么悲伤也会难以处理。要记得，想要改变行为模式，很多时候必须逆着自身的习惯而行。

下面我们来看看，关于处理悲伤或是接受安慰，可能的困难点会是哪些。

1. 也许你曾经从错误的经验中学习如何调节悲伤。小时候，你也许见过一个很重要的人难过的样子，导致了你也学会了隐藏自己的悲伤。也许没有人发现这件事情对我们造成了影响，所以你也没有意识到。也有可能是因为你有一个艰辛的童年，以至于必须足够坚强才能够继续前进，而若是要坚强，就不能够哭泣。如果这些行为模式来自童年，那么要知道，成年后是有机会抛弃这些情感遗产的。成年人有能力决定住在哪里、和谁往来以及如何管理自己的人生。人永远不会有绝对的自由，所有自由一定都是有条件的。但即便如此，我们还是能够做出童年时无法做出的选择，例如：决定自己身边的人是谁、和谁倾诉自己的问题等。因此，如果你不想背负过去的情感累赘，完全可以放下它，并学习新的行为模式——毕竟旧的模式只能适应过去的阶段。

2. 也许是因为你走不出痛苦的过去。不再哭泣，不代表痛苦就消失了。通常有两个原因会导致我们无法处理一段失去的关系：

- 一个是内疚感，这通常会和“如果我当时……，这样的事就不会发生了”类型的句子有关。关于难过的时光，我们有时会自欺欺人，不断回忆这段过去，并试图为它写下新的剧本。但这个章节已无法改写，它已经结束了，而时光机并不存在。摆脱这种没用的内疚感的方式就是学会原谅自己：“依照我当时的认知以及感受，我已经尽我所能了。”
- 另一个陷阱是为无法改变的事情纠结。面对已经发生的事，我们唯一的选择就是学会说：“事实就是这样，已经没有转圜的余地了。”若是我们和一座山抗争，赢的一定会是那座山；若是我们以头撞墙，想要从一个房间逃脱，一定会撞得头破血流。有时我们不愿接受疾病、死亡、悲惨的经济状况，或无法接受决定权在别人手中这件事，但事实上，人只能改变那些自己有决定权的事物。对于随机的事、超出我们能力范围之事，以及别人的决定，我们只能学会接受，而不能钻牛角尖。否则，我们只会一次又一次回到原点。

3. 也许是因为你想要避免失去的痛苦。要说再见，往往是很困难的。当我们失去身边一个重要的人时，会紧紧抓住对那个人最后的感觉——悲伤。你可能会认为：“我如果允许自己放下这份痛苦的话，他就真的离开了。”但这样的想法是错误的。忍住悲伤，无法让我们留住那个人，而我们身边的人反而会在情感上失去我们。事实上，忍住悲伤会阻塞通往美好回忆的道路，如果我们能放下痛苦的话，这些回忆反而能够浮现出来。我们可能会认为，若是对方离开的话，自己也没有权利好好生活。但是，我们的痛苦无法改变已发生的事实，也无法做出任何补偿。虽然悲伤是一种健康的情绪，但痛苦永远都是没有必要，且没有意义的。痛苦来自拒绝事实、拒绝感受，或者来自强烈的内疚感。解决痛苦的最好方式是将这一切放下，不再继续纠结并沉溺于痛苦。我们需要好好地告别，告诉那个人，他对我们来说有多么重要，以及他的离开是多么令人悲伤。当我们说了再见之后，起初会被巨大的痛苦所冲击，然后——或许很快，或许慢慢地——会感觉到解脱。之后，我们便可以用完全不同的方式来回忆那个人，着重于和他一起度过的美好时光，以及他对我们的意义。必须经过所有这些阶段，才能感受到平静。可能有一段时间你会感到悲伤或思念，但那已经不是痛苦了。悲伤和思念能让我们活下去，继续前进，也和身边的其他人产生情感的联系。

现在我们来想象这个完整的过程。虽然一开始会感受到强烈的悲伤和痛苦，但不要动摇。温柔地直视自己的感受，注意它并且照顾它，痛苦便会慢慢地让道于平静的感觉。我们会感觉到自己能正视一切，不会被痛苦所瓦解。所有的暴风雨最终都会结束，而太阳会再度升起，所以我们不再害怕暴风雨。**接受脆弱，造就了我们的坚强。**

厌恶：自我保护，而不是自我限制

有一些危险是无法以战斗或逃避来处理的，而厌恶感能够保护我们免受其侵扰。它能让我们往后退一步，将某些事物远远推开。如果那个东西已经进入我们的身体，我们便会将它吐出来，为自己画出一条保护线。人类的厌恶感主要与食物相关，能防止我们因食用变质的食物而中毒。因此，厌恶感和我们的消化系统有密切的关系：我们会感到恶心、胃不舒服，并且会做出呕吐的动作。

厌恶反应有一大部分是通过训练而来的，人们依照自身所属的文化背景和社会规范而做出反应。某一群人觉得美味的食物，另外一群人可能会有所排斥。另外，孩子与其照顾者在用餐时的互动，也会影响孩子对食物的反应。例如：照顾孩子的人可以让孩子吃他自己喜欢吃的东西，也可以逼着孩子吃下他们厌恶的东西。这些互动不仅会影响孩子未来对于食物的态度，也会影响他们长大后如何处理厌恶的情绪。

本书开头写到的马提亚尔，就有类似的情形。在家人的严格要求中，他不被允许对食物有所偏好，或有自然的抗拒，无论如何都必须吃完盘子里的所有食物。马提亚尔面对食物从来就无法好好享受，他觉得吃东西纯粹就是为了“吃”，而如果不让他吃，他也无所谓。这也许不是他的核心问题，但他没像平日一般吃完早餐再去上班，或许间接地造成了他这一天感受不佳。

在厌恶感中，隐含了我们对于某件事物的回避或排斥。

当你习惯了这些感觉后，对它的反应就会逐渐减弱，就像孩子在习惯品尝不同的味道后，最终能够享受它们一样。有时候人们会产生一种超敏反应，把对某一事物的厌恶感推及其他相关的事物上。例如：如果觉得奶酪很恶心，可能会得出“所有白色的东西都很恶心”这一结论，即便我们清楚地知道那是完全不同的东西。

很多关于清洁、污染和感染的强迫症，都是基于想要回避厌恶的感觉，从而让人用越来越复杂的仪式来应对它。例如，用避免触碰某些东西，不停洗手直到皮肤受损，或者强制性清洁等方式，来避免一些实际并不存在或概率很低的危险。并非所有的强迫症都是出于这个原因，但很多疾病的确都和情绪调节有关，而其中的关联可能是幽微而复杂的。

厌恶感可能产生的另一个问题是，对自己或自己的某一部分感到恶心。我们也许会对自己的个性、体态、经历、欲望或动机感到厌恶。如果不去思考和解决这个问题的话，我们可能会以为自己唯一的选择就是隐藏或否定自己不喜欢的东西。而这种隐瞒和抑制，会让情绪维持在同样的状态，而使自己无法改变。而且，厌恶感可能还会加剧，并延伸到生活的许多层面之中。

对自己的厌恶感，也可能会产生反刍的状况，或者对于他人排斥自己的可能性有着高度的敏感。这种运作方式会滋养你对自身的厌恶感，并使其持续更长时间。曾有人提出，厌恶情绪的发展，是因为在童年曾经受过抚养者的排斥或批评，或有过受虐的经历。这可能会和肮脏或丑陋等自我认知形成联结，并且与自我厌恶以及极端的自我批评有关。我们在阿尔玛的案例中可以看到她不只感到羞愧，还对自己深感厌恶：她被老板大骂后，不断自责而且强烈地贬低自己。平时，阿尔玛在照镜子的时候也会感到非常不愉快，并且会尽量回避与镜中的自己对视。

有很多方法可以解决厌恶问题，但基本上可分为两种，并且彼此互补：

第一个策略是回溯过去，寻找问题发生的原因。如此便能找到卸除这个机制的关键，继而了解到那个反应中的一部分并非来自现在的情况，这能让我们重新调整当前感受。

第二个策略则是将回避改成面对。你如果对厌恶感极度敏感，就会比大多数的人更容易感觉到它。人们对于同一个问题的感受度有差异是很正常的，但是当反应与现实严重不对等时，会让自己非常受限。厌恶感的真正目的是要保护我们免受食物中毒侵扰，或者防止社会败坏；而当我们处理不当时，会让自己无法理性且健康地进食，且会破坏人际关系。思考看看，别人是否也会对我们所厌恶的东西有相同的感受。每个人当然都不一样，但是借由这种比较，能够让我们看出反差，而这是无法借由观察自己的感受所能获得的。如此一来，我们便能分辨出哪些是真的令人厌恶的东西，哪些只是源自自己的敏感度。

当我们试图回避厌恶的事物，可能会导致自我限制，所以需要学着去容忍这种感觉。这种习惯的过程，和孩子逐渐习惯吃自己原本排斥的东西很相似。我们必须暴露在一个会使自己产生不适感的地方，并给予自己这么做的充分理由。人的胃口及味觉是可以被重新训练的，但**最需要改变的厌恶感，是对于自己的身体和内在的厌恶**。所以要对这种厌恶感的起源有深刻的理解，并且改变我们对自己的想法。

还有一些人恰恰相反：他们感受到的厌恶感不是太多了，而是太少了。如果厌恶情绪无法正常发挥作用，我们可能会在社交场合失礼，或者做出一些恶心的事情，即使别人产生了负面反应，自己也不会就此停下来。虽然我们不需要过度在意他人，但如果真的毫不在乎，也可能导致我们在人际相处中发生问题，无法拥有美好的人际关系。我们也必须根据社会文化背景来调整自己的行为。这些界线不是由特定的情绪所画下的，而是由集体意志所订立的，所以做事的时候，需要考虑到自己周围的人是否会感到不舒服，是否表现出不悦。如果时常看到别人有厌恶的反应，那么或许我们应该反省自己的行为是否恰当了。

羞耻和内疚：让我们变成更好的自己

羞耻和内疚，常被认为是让人们拥有自我意识的情绪。也就是说，这些情绪与我们自身的特质和行为的反应有关，我们往内心观看时，这些情绪就会浮现出来。当我们觉得自己犯了错，或违反了行为准则，就会感到羞耻和内疚。

羞耻和内疚有何分别呢？具体地说，**羞耻与我们对自己整体的负面评价有关**，伴随着自卑、缺乏自我价值的感觉，它会使我们想要逃避或躲藏。**而内疚是对于特定行为的负面评价**，会让我们在做错事的时候感到后悔，并激发我们去修复损伤或修补过失。也就是说，羞耻感跟我们是什么样的人有关，而内疚感则跟我们做了什么事有关。

就像所有的情绪一样，适当程度的羞耻与内疚具有社交功能。它们和同理心、社会参与以及改善的动力有关。然而，当这些情绪感受太容易被触发时，便会对情绪的正常运作造成严重的干扰。当羞耻的倾向过高时，会比较容易产生焦虑、抑郁、饮食问题，甚至导致滥用药物以及犯罪。内疚感的负面影响也许不是那么明显，但当它和羞耻感交缠在一起的时候，或当它和不对等的责任感有关的时候，以及当自己所做的事情无法修复的时候，也会产生严重的后果。

有些情绪在儿童早期就会表现出来，但羞耻和内疚感出现得比较晚。羞耻倾向在青少年时期表现得比较明显。对于前文提到的阿尔玛来说，她的羞耻感一直存在，曾经被霸凌、羞辱的记忆，是她对这个情绪最关键的经验。这些情绪很复杂，并且通常会被抑制或回避。这便是阿尔玛身上所发生的事，她试图做其他事情来回避羞耻感。我们如果思考其内在倾向，会发现这么做是有道理的。感到愤怒会让我们想要攻击，恐惧会让我们想要逃跑，悲伤会让我们想哭泣或寻找安慰，而相对地，羞耻感会让我们想要躲藏，避免被别人排斥。如果不了解其中的意义，我们便会倾向于掩饰自己的羞耻感，或者拒绝去感受它。如此我们便能回避那些触发羞耻感的情况，但这有可能会是问题最大的症结。

也就是说，如果遇到一个让自己感到无比羞耻的困难处境，而那些经验没有被处理的话，随着时间流逝，便可能导致抑郁。但这只有在我们试图回避羞耻情绪的时候才会发生。由于这个问题的根源并不在于悲伤，所以无法借由哭泣来化解抑郁，就连放声大哭并接受安慰也没有用。那些潜在的情绪必须被揭开、正视并理解，我们才能走出羞耻情绪的陷阱。

反之，如果我们将那些与羞耻相关的回忆作为参考值来定义自己，或在人际关系中给自己负面的评价，便会产生问题。此外，当我们对自己感到羞耻时，可能也会倾向于消除正面的情绪，觉得自己不配享受，既不去照顾自己，也不会安慰自己。我们的威胁侦测器可能被过度激活，整天都在侦测被拒绝的可能性，因为那会激活我们的羞耻感，我们会尽一切努力来防止这种感觉发作。

内疚不只是一种情绪，更是一种复杂的情感。适度的内疚是健康的，能帮助我们自我完善，并与其他人更好地相处。但下列情况是我们必须特别注意的：

- 不对等的内疚感：我们会为所有的事情感到内疚，或过度自责。
- 过度的责任感：我们会为自己、他人以及环境的问题而感到自责。
- 缺乏内疚感：我们不会为任何事感到内疚，因此便会无差别地伤害别人，而不会悔改。

- 将自身的内疚感投射到别人身上：我们总会找到一些很容易为各种事情感到内疚的人。
- 极力逃避内疚感：只要不让自己感到内疚，我们愿意做任何事情，无论其是否正确。

和内疚相比，羞耻倾向与心理以及行为问题的关联更加明显。但在很多情况下，当我们感到内疚的时候，也会伴随着一部分的羞耻感。我们需要清楚地区分它们，才能采取正确的行动。

当内疚感伴随着不当的责任感时，无论过多还是过少，都会变成一个问题。内疚感的作用是帮助我们在犯错的时候知道要改善，但若总是为他人的错误或者他人的责任而感到内疚的话，那就过头了。

我们不妨反省：令自己觉得羞耻的事情如果发生在别人身上，我们是否也会为他感到羞耻？就像我们对厌恶感所做的反思一样。如果其他人发生了跟我们一样的事情，而我们却不会为他感到羞耻，那么我们也不必为自己感到羞耻。这些规则是一视同仁的，所以我们要习惯问问自己："如果别人处在我的处境，我也会对他有相同的想法吗？"这样我们就会获得更为客观的评价标准。

接下来，便要处理情绪本身的问题了。要想消除羞耻感，首先必须经历它，不应该回避，而是要面对它、承受它、突破它，然后才能放下它。

如果你是容易感到害羞的人，那么必须学习打破自己的习惯，抬起头来直视前方，去感受那份羞耻感。回想一些让自己感到骄傲的事情，或是曾经表示为我们感到骄傲的人，都能帮助我们抵挡羞耻感。骄傲，是羞耻的解药。

只要直视使我们感觉羞耻的事物，不低下头，也不避开眼神，便会发现自己不会被吞噬，也不会被瓦解。若能持续这样做，便可以看见羞耻感是如何逐步消退的：羞耻感会逐渐局限在特定的事物上，变得越来越小、越来越容易掌控。长此以往，我们就不会被羞耻感逼迫着做决定，而是会依照自己的逻辑来做决定。我们也会对过去感到羞耻的事物有新的反思，比如“我一讲英语就害羞，是因为我二年级的时候曾经被老师在全班面前嘲笑过，但现在我已经长大了，我可以克服它”或“我不会让自己再受到那个人的左右，我一生中曾经完成过很多事，而这件事我也能做到”。

与此同时，也要小心另一个极端——缺乏自我批评，这个问题也一样严重，无法帮助我们与他人建立健康的关系。因此需要时常反思：最近我承认了多少错误？当别人说某件事情是我的错时，我的感受如何？我会做什么事情来避免内疚吗？

我们也可以适当地关注别人的反应，倾听别人的意见，并问问自己：别人会怎么看待我以及我所做的事情呢？

让自己保持在两个极端的中间点，才是羞耻感的正确运作方式。

内疚感也是一样。首先，我们需要倾听它。要记得，一定程度的内疚感是有益的，它帮助我们自我改善，就和健康的自我批评一样，是非常有用的。我们应该时常反问自己：会不会是自己错了呢？如果是的话，就诚实地承认，并在适当的情况下道歉。

但是，如果你倾向于为所有的事情责怪自己，或者为不属于自己责任范围内的事情负起责任的话，就可以做一下跟面对羞耻感时类似的练习：**在为某件事情责怪自己之前，先想一想，我们是否也会因为同样的事情去责怪别人呢**？如果不会的话，那么我们也该宽恕自己。或许你会认为，别人做和我们自己做是不一样的；但其实，对自己和他人使用不同的标准，并没有太大意义。

如果你的问题是无法承受内疚感，那么你可能会想尽办法不去感受它。你可能不知道如何拒绝他人，或无法处理冲突，因而使自己受困，或者承担不属于自己分内的事。如果别人想将过错推给我们，我们便会顺从他人以避免内疚。这时的解决方案，便是勇敢地承担起那份内疚感，时间长了，我们便会习惯这种感觉，而不再那么在乎它。

有时候，内疚感可能会是一种隐藏的情绪。前文谈论哀悼的过程时已经写到，我们会因为认为自己当时应该要做些什么，或者因为自己当时没有其他办法而陷在内疚感之中。如果你一直以来都习惯为所有的事情甚至是自己无法改变的事情而怪罪自己，那么可能会觉得这些都是正常的。比如，为了某人的自然死亡而怪罪自己（即便我们很清楚那是会发生的事），为了自己没有发现某人生病了而内疚（即使我们不是医生），或者因为某人从我们的生命中离开了而自责（而其中一部分的责任在于对方）。

想要解决由内疚导致的抑郁，就该放下本不属于我们的罪恶感，并承认失去是不可避免的。承认这一点或许很难，但事实就是事实，不愿接受真相只会折磨自己。我们越早与事实和解，痛苦就会越早消失。无论现实是美丽还是丑陋，我们该走的路都必须从此刻的现实开始。

总而言之，如果我们有内疚感的困扰，可以问问自己这些重要的问题：

关于内疚感的自我设问：

- 我是否在某些事情上做错了呢?
- 我总是觉得错在他人吗?
- 同样的事，发生在自己身上和别人身上，我会有同样的想法吗?
- 我是否会因为别人的责任或者自己无法做主的事情而怪罪自己呢?
- 我会为了避免内疚感而做自己不想做的事，或者对自己不利的事吗?

快乐：我们会允许自己享受快乐吗?

正面的情绪有很多种，并且拥有不同的色调。如果把身体的感觉以及复杂的情绪状态都囊括在内的话，便会包括以下这些：

- 感官的愉悦：享受影像、音乐、美食等。
- 娱乐：面对滑稽的事物，或任何让我们发笑的事物的反应。
- 放松：经历了使自己紧张激动的事情（如惊吓、伤害等）之后的感受。
- 兴奋、热情：对于新鲜、有挑战性或冒险性的事情的强烈反应。
- 惊讶：对于伟大事物的反应。
- 陶醉：对于有意义的事情产生浓烈的情感。
- 热血：面临挑衅或竞争性的挑战时的情感。
- 共感：对他人的行为所产生的情感，例如，为他人的成就感到骄傲，或被他人慷慨的举动所感动。
- 幸灾乐祸：为敌人遭遇不幸而感到高兴。
- 关爱：对于某人长久的关心和牵挂。

一般来说，我们对情绪的抑制倾向，都是针对不愉快的情绪，但是有时候，我们也会抑制一些愉快的情绪。这有可能发生在所有的正面情绪上，也可能只包括上述的某一种或几种状态。对于这样的情况，该如何解决呢？

来听听这句话："我值得享受生活。"你觉得听起来如何？是再正常不过，还是会让你产生某种不适感？

每个人都值得享受生活。如果我们曾经犯过错误，就修正它并从中学习。如果我们曾经对别人造成伤害，就该道歉，并去修复错误。如果可以的话，我们应该对自己做出适当的改变，以免未来再发生同样情况。

或许你无法认同这样的观点。你可能会认为，一个冷血无情的杀手没有资格享受任何事情。但是再换一个角度想想看：一个人格扭曲、会无故伤人的人，当他谈到自己所珍惜的人，能有愉悦的感受，能够享受平静的一天，并感到感激吗？这个人能否和自己真实的情绪有联结？他是否真正了解自己的经历，并且知道自己是如何被它所影响的呢？一个不但会伤害别人，甚至还享受其过程的人，除了借由控制的手段，大概不知道如何和他人进行联结。他难以享受生命中美好的事物。我并不是说他不必为自己所造成的伤害承担后果，或者说社会必须原谅他的所有行为。但我确实相信，在严重的犯罪行为背后，通常都有某个明显的困难，使他无法正确地处理情绪。而这背后，通常都有一段漫长的故事。

当然，一般人的问题没有那么严重。无论我们对自己所犯的错误感到多么内疚，唯一的修正方式，便是下次做得更好。我们不能保证不犯错，只能要求自己所犯的错误不要那么低级，毕竟犯错是学习的一种方式，也是生活的一部分。许多人都会回避做决定，以免自己暴露在做错事的内疚感中。如果这便是阻止我们享受的原因，那么我们应该练习与自己的错误和解：

与错误和解的练习：

1. 将自己最严重的错误视作一位老师，并和它对话。我们在那项错误中学到了什么？从那以后，我们做事的方式是否有所改善？人际关系有改善吗？心情有好转吗？有时候，如果我们不直视自己的错误，不将其视作老师，便可能什么都学不到，或者学到错误的一课。例如，如果我们信任一个人，而他却背叛了我们，那么其中的教训就是：花一点时间来观察一个人的行为是很重要的，以及我们必须调整自己对他人的期望。然而，同样的情况可能导致我们再也不允许自己相信任何人，再也不愿分享自己的隐私，如此便有可能错过一些让生活变得有意义的机会。

2. 让自己做出一个决定：将犯错之后所学到的正面教训保留下来，并慢慢放下之前产生的极端反应。以这种方式来看待自己的错误，就有可能成为更好的自己，不再为错误而自责，并开始享受生活。

有时候，我们可能并没有犯下什么严重的过错，却仍然不允许自己享受快乐。这也许是**因为我们觉得自己该为别人所做的事负责（比如承担了别人不愿承担的责任），或者是因为我们对自己感到羞耻**，觉得自己没有资格去享受任何美好的事物。无论导致这种情况的原因是什么，如果不去解决这些障碍的话，就很难改变面对美好感受的态度。我们应当只承担属于自己的责任，并学会用肯定的眼光看待自己。如果你觉得做到这一点很困难的话，也可以寻求专业协助。要记得，这趟旅程你无须独自完成。

又有些时候，人们无法享受正面的情感，只是因为缺乏练习。是因为我们没有那个习惯，所以会感到别扭。有的人习惯把注意力放在“该做什么事”上面，以至于没有时间享受美好的事物，或认为这些享受没有任何意义。也许是出于某种价值观，人们可能觉得享受美好的事物是一件自私的事情，以至于从来不对其加以重视。

无法享受愉快和美好的事物，也有可能和过去无关，而是关乎未来。我们害怕好事来临之后，坏事会接踵而来。也许因为没有安全感，我们总是会做最坏的打算。然而，如果未来真的会发生坏事，最理想的状况就是我们以充沛的“电力”来迎接它。那些让人产生美好感受的事物，能帮助我们度过最艰难的时刻，它们就像粮食，能给予我们必要的能量。如果我们想要避免感冒的话，解决方式不是不出门，而是保持好的健康状态：经常散步、营养均衡、改善免疫系统。当我们的心情变好了，也会对糟糕的事情更有抵抗力。

如果你觉得自己无法享受快乐的情感，那就要想一想：我之所以会这样，是否和身边的某个人有关？如果我们时常与不懂得享受生活、难以快乐起来的人在一起，当他们看到我们在享受的时候，可能也会有负面的反应。更重要的是，即便我们别无选择，只能和他们相处（他们有可能是我们的上司、同事、朋友、伴侣或家人），也不要让自己受到他们的影响。或许这些人坚信责任是最重要的事，觉得享受时光等于浪费时间，或者抱持着任何类似的扭曲信念，但我们自己要记得，即便某人对某种价值观坚信不疑，也不代表那就一定正确。那些认为自己永远都正确的人，比起那些允许别人怀疑自己观点的人更容易犯错。对于他们所谓的事实，我们需要打个问号，好好思考。

无论造成这种倾向的根源是什么，我们都要学会感受愉悦、美好的情绪，因为它们对于健康是不可或缺的，它们是天然的抗抑郁药。如果想要提振精神，可以多做一些让自己能沉浸其中的事情，少做一些费劲伤神的事。前者能为我们充电，而后者则会消耗我们的能量。

关于正面情绪的另外一个完全不同的问题，是我们可能会**对某些情绪上瘾**，或总是倾向于体验某种类型的情绪，以回避另一类型的情绪。我们可能会沉浸于某些愉快的感受，以至于沉迷其中，甚至让它占据了生活的主要位置。但这样一来反而使自己远离其他的美好经验，或不得不去应对一些负面的情绪（例如：为获得这些愉悦的事物而让自己承担不必要的辛苦）。想要再次获得那种感觉的欲望，占据了我们整个大脑。即便最初激活它的事物已经不再刺激我们了，我们仍然可能因此而沉迷于某种药物作用、某些性经验、在冒险活动时的肾上腺素激增，或是在一段关系中的感受等。

基于两个原因，我们所期望的这些情绪并非总是正面的：第一，它们对我们生活的影响有可能是毁灭性的；第二，我们对于那些感觉的需求来自别处，例如内心更深处的空虚感。我们在错误的地方寻找满足，所以永远都一无所获。

有人喝酒，是因为酒精能解放并蒸发不安全感和自我控制的感觉；有人吸食毒品，是因为能够在短暂的时间里忘记自己的渺小，体验到优越感；有人借由寻求危险的事物来麻醉自己的痛苦和恐惧；有人紧抓着别人来填补自己内心对关爱的需求，但矛盾的是，他们自己才是不爱自己的那个人。有时我们紧抓不放的东西只不过是海市蜃楼，但我们却得为此付出高昂的代价。

找到内心最深层的真实需求，才是以上问题的解决之道。我们要寻求对自己真正有益的事物，那些不必伤害自己便能让自己开心的事物，而不是给自己一份带毒的礼物。

其他重要的情绪

情绪的列表太长，我们无法将全部一一列出。然而在这里，我还想再谈谈一些重要的情绪，我们可以来看看自己与它们相处得如何，以及是不是需要在这些方面多加努力——

（1）兴趣

兴趣使我们能够探索、发现并增加自身的选择。但如果你是没有安全感的人，你可能不会喜欢探索。此外，如果你身边充满了有退缩倾向的人，他们便会告诉你，任何举动都可能会带来麻烦，而你也将永远倾向于待在自己熟悉的土地上。如果那块土地充满了美好的事物，探索倒也没那么有必要，但事实通常并非如此。人们留在熟悉的困境中，通常只是因为习惯而已。

任何改变或学习，都会伴随着一种不安、不确定的感觉。只有等到我们熟悉了新的环境或新的活动，这种不确定感才会消失。尽管我们需要为之努力，但让我们坚持下去的，就是兴趣，以及对探索的欲望。当我们在这些过程中取得成果时，就会渐渐喜欢上这种对于新事物以及不确定性的兴奋感受，并且肯定自己所做的努力，因为这代表着革新和自我突破。本书开头的案例中，有些人就缺少这种改变的动力：比如潘多拉无法处理她的不安感，马提亚尔对不确定性感到排斥，而索利达总是习惯放弃，不会在努力中成长。

有时候，让我们放弃探索的是自己，而不是别人。如果我们无法好好地处理自己的情绪，总是陷入焦虑或沮丧，就没有多余的精力来对新的事物产生兴趣，甚至会劝阻自己，为脑中所有的想法找借口，或看到它们的千万种阻碍：“我为什么要去？我一定会过得很不好……”很多时候我们都没能求证事实，或者总是在自我打压，以至于我们对糟糕未来的预言，最终成为现实。

（2）骄傲

骄傲是一种关乎自我意识的情绪，就像内疚感和羞耻感一样。骄傲可以使一个人加强个人成就，从而提升社会地位。社会地位在团体中是很有利的，而对于人类的生存而言，能够归属于一个团体也是至关重要的。在动物的群体当中，归属感是借由恐惧和愤怒的情绪，以及统治和屈服的行为来确保的。而人脑的复杂性促进了其更微妙且复杂的情绪发展，这也和自我意识的情绪有关。

骄傲可以使人进步。当我们学习新事物、勇于在人生的重要阶段做出改变或挑战，或为自己所取得的成就感到自豪时，骄傲感能够增加我们继续前进的动力。反之，如果我们为自己感到羞耻并贬低自己，便会拖自己的后腿，而想要前进则会变得更加困难。

试着来肯定自己的成就吧！即便是很片面或很微小的成就，即使这么做会使你感到别扭，也至少要肯定那些如果发生在别人身上，我们会为之赞叹、给予肯定的事。

骄傲这种情绪的风评通常不大好，确实，骄傲过度会变成傲慢——过度看重自己，认为自己并非凡人，没有人能达到自己的地位。为自己骄傲，并不意味着相信自己永远是对的，别人永远是错的。为他人感到骄傲，同样很重要。

因此，可以问问自己：最后一次向别人承认“你是对的，我错了”是什么时候？最后一次为他人感到骄傲，是什么时候？如果那已经是很久以前的事了，或者你完全不记得自己曾经这样做过，那就必须抽丝剥茧地探索这个行为模式的源头。

（3）藐视

藐视，往往是觉得自己的道德比别人高尚。这种感觉和社会中的厌恶感有某种关联，也就是所谓的道德厌恶。藐视的感觉告诉我们，某些人对于我们来说没有价值。它也可以代表一种支配别人的方式，当我们藐视他人的时候，会觉得自己高人一等，但以这种态度和他人互动，则无法建立真诚的关系。其实，我们可以将这种支配欲视为沟通与联系受到阻碍的一种原因；而人与人的沟通与联系，才是关系中真正会产生有价值的感受的部分。在公司或团体的组织体系中，藐视会造成复杂且无效的反应，毕竟没有人喜欢被鄙视。

藐视也可以发挥正向的作用，比如，当我们对伤害自己的人产生藐视的感受时便是如此。藐视一个人，代表消除他对我们的象征价值，我们会在脑中否定并忽略他的言论及态度。当我们被老板否定的时候，如果因为他是上级，便赋予他的言论一定的价值，那么我们就会被对方的言论严重影响。如果将对方视作一个可悲的人，即使他所说的话依旧会让我们不开心，却不会影响到我们看待自己的态度。

（4）惊讶

惊讶是面对新的、意料之外的情况的反应。有些人很享受这种感觉，甚至会去寻找能带给自己惊讶感的事物；另一些人则完全不喜欢惊喜（案例中的马提亚尔就是这样）。这和我前面所谈到的兴趣、探索有关：如果我们喜欢新事物，就会喜欢惊讶的感受，在这种情况下，惊讶会使人兴奋。日常生活已经太过熟悉，以至于无法刺激我们，不会激发思考，也不会使自己发展和进化。

我们应该要能够享受惊讶，但如果没有这样的体验，那么寻找使自己感到惊喜的情境便很重要。不需要去遥远的国度探险，只需要尝试一些不同的食物，或者尝试和自己原先不会主动接近的人交谈，就能制造惊讶感。惊讶也有愉快和不愉快之分，但如果这项尝试不算太冒险，那也不会造成什么问题。

关于惊讶，有一个奇怪的现象：人类面对显而易见的事物时，仍然会感到惊奇。当我们头脑中的思维已经根深蒂固的时候，我们通常不会去质疑客观的现实。而当我们所看到的事情和自己对于世界的认知不同时，便会不断为这些事情的存在而感到惊讶，比如："我无法相信人们竟然会做出这样的事情。"这一点非常奇怪，因为人们一直在看着别人做那些事，甚至更糟的事，即便如此，却还是会感到惊讶。

惊讶只有在我们面对新事物的时候才会产生，但有些事明明不新鲜，为何还会让我们惊讶呢？那是因为如果我们不允许这些信息进入脑海，它们便无法被吸收，而当再次遇到它们的时候，都好像是第一次看到一样。当你说："我无法相信现在所发生的事情。"那就是在排斥这些情况，不去思考它们的存在及含意。因为，如果我们这么做了，我们对于世界以及人类的认知就会动摇，这会让人感到害怕，想要逃避。于是，我们还会持续地为已知的事情而感到惊讶。

（5）羡慕

羡慕，是对于别人获得一个我们想要的奖励时会出现的反应。如果羡慕会让我们对别人造成伤害，或者使我们自己深陷其中，那它就可能是一个负面的情绪。但在某种程度上，羡慕也可以是一个激励因素。当我们看到别人获得了某个事物，我们自己也想要拥有，这时羡慕就会变成一种动力。但如果羡慕对我们自身，或对人际相处造成了伤害，便无法使我们进步，而只会吞食我们内在的资源。

（6）同情

这是一种想要减轻旁人痛苦的感受。因为人类是社交动物，所以我们的身体和神经系统，以及进化和成长的方式，都是按照这个模式在运作的。幼儿会用哭声激活大人脑中的传感器，引导大人去担忧、保护以及照顾自己。在面对自己的核心社交人物时，我们会在乎他们身上所发生的事情，他们也会在乎我们。的确，这种情况在很多时候有可能会被扭曲成内疚或羞耻，正如我们在前面几个章节所看到的。对于很多人来说，要建立一段健康的关系并非一件容易的事，而要改变它则需要花上很长的时间，因此许多人便不敢迈出步伐。适当地去求助别人以及回应别人的需求，完全是一门艺术，并没有简易的公式可遵循，但我们还是可以不断练习。

（7）嫉妒

嫉妒往往混杂着多种情绪。例如：自己爱的人喜欢上了别人，我们会感到愤怒；怕被对方拒绝，我们会感到恐惧，也会对即将失去的感情感到悲伤。说到这里，我们又再次回到了关系的议题，以及其中困难的部分。最好的关系模式是，在和他人维持关系的同时，还能够保持自主性。如果我们非常清楚身边的人有可能会离开，并且能完全接受这个可能性，那么这段关系就会保持良好。相反地，如果我们认为自己失去了对方就无法生存的话，这段关系中的任何问题，都会使我们难以承受。

有些人喜欢自己的伴侣时不时表现出吃醋的样子，认为这能证明对方爱自己。但在亲密关系中，我认为最好还是不要这样做。无论好莱坞电影怎么演，对一个人产生强烈的情感，并不意味着比平淡的爱情更真实，或更有价值。关于这个议题或许可以写好几本书，此处我无意展开，只想谈论醋意的话题：我们需要了解自己的嫉妒来自哪里，会不会过多，会不会干扰到我们的关系。如果我们知道它的根源，用心对待它，便能改变我们的行为模式。

（8）无聊

无聊很难被定义为正面的感受，毕竟它与缺乏刺激有关。它可能源于不断的重复、饱足感（拥有得太多），或者缺乏挑战。有些人会让自己沉浸于这种感觉，甚至能够享受它，因为他们会将无聊与休息相关联。然而，有些人却对无聊有负面的评价，努力避免它。另一些人则会认为无聊意味着对世界与人生缺乏意义感，也和空虚感有关。

其实，无聊也可以是一种正面的动力，但在很多情况下，它有可能阻碍我们走向创意、探索和刺激。面对改变的恐惧、对于自身行动的阻碍（自认为“我很懒”或“我没兴趣”）、客观条件上无法获得刺激（比如，很多人不允许自己从事有挑战性的工作，或者社会不鼓励大家这样做），都有可能让我们陷入无聊的处境中。

无聊的感觉在童年扮演了重要的角色，而大人也需要了解如何帮孩子处理这种感受。现在的社会总是给予儿童太多的早期刺激，安排了过多的课外活动，使得孩子们没有时间无聊，大脑也没有时间思考。甚至，那些所剩不多的无聊的时间，还会被智能手机和平板电脑所麻痹。**或许我们的社会应当对于健康的无聊赋予价值，因为孩子只有经历过无聊，才能产生自我反省与创意。**

但是，很多成年人也无法忍受无聊。当我们觉得无聊难以忍受的时候，会想要寻求其他更强烈的刺激，而不考虑这些刺激对自己是否有益。因此人们可能会借由毒品、危险的活动或关系，去追求强烈的刺激，而无视这些情况可能会产生的问题。与无聊和谐相处的方式是：让自己的生活尽可能变得刺激，同时也保持对无聊的忍受能力。**能够无聊，却不会感到不适，是达到情感平衡的指标之一。**

CHAPTER 4

第四章

远离情绪的误区

1

别再做那些适得其反的事

研究证明，情绪调节之所以会出现问题，并不是因为我们没有可以提振或抚平自己的工具，而是因为我们有意无意地做了太多会让情绪恶化的事情。我们面对自己的感受，常常束手无策、回避它，或将它重新吞回肚子里。然而，所有这些做法都会让事情变得更复杂。人类常常违背了自己的情绪调节系统，把自己变成了最大的敌人，而不懂得自我同情和自我照顾。

面对所有这些复杂的状况，有一个简单的解决方案：如果你掉进了一个洞里，那么首先要做的便是停止把这个洞挖得更深。因为，那样做不但无法使自己爬出来，还会陷得更深。如果意识到自己的行为会让事情变得更糟，我们就已经向前迈出一步了。此外，如果我们没有卸除那些错误的机制，那么就算引进新的机制也是没有用的，这就像是将一个很棒的程序安装在一台充满病毒的电脑上。现在，让我们来看看有哪些让情绪运作适得其反的调节机制吧。

过度自责，只会让你一再犯错

在犯错的时候自责，能使自己变得更好；但如果一次又一次自我谴责，反而会使自己变得更差。为自己对别人的伤害而感到内疚，能让我们学会体贴别人；而如果为别人该负责的情况责备自己，则会让自己承担太重的压力；当别人对我们造成伤害时，我们就更不需要感到内疚或羞愧了。

然而，这种看似不合逻辑的事情却常常发生。在侵犯、羞辱或虐待的情况中，很多时候，受害者会觉得是自己的错，他们会因为自己允许对方这么做而感到自责和羞愧。

面对情绪，人们的反应也常常是自责。我们会为自己的感受而生气，为自己的软弱而自责，或是因为自己没有感受到“应该要有的感受”，因为不再有原来的感受而自责、羞愧……本书开头的案例中，阿尔玛便是这种行为模式的典型。由于无法捍卫自己，她把愤怒转向了自己，而她的羞愧感以及无法忍受它的状态，又持续地加剧了这个恶性循环。除此之外，羞愧也使她无法谈论自己所遇到的事情，以至于无法让自己从别人的同情与安慰中得到帮助，她没有让自己的羞愧感透气，所以直到她接受治疗之前，都无法摆脱它。

而她对自己所说的话也使内在的问题恶化得更严重。这等同于拿锤子敲打自己的伤口，因为我们认为伤口不应该存在，或者让自己受伤是一件愚蠢的事。很明显，锤击伤口无助于伤口的愈合，但是那些不断怪罪自己的人却不停地这么做，他们越是觉得痛，就越用力地拿铁锤敲自己。我们必须停止这种倾向，建立新的观点，反省自己的行为及其后果，用新的方式治疗创伤。

是时候放下负面信念了

有时候，我们对自己所说的话是非常可怕的。如果我们能听见自己的大脑里的思维，便能意识到自己是如何与自己对话的：我们竟然那么频繁地责备自己，甚至辱骂自己，而那些话，我们绝不会轻易开口对别人说。

这种内在的对话，常常被我们所忽略，因为它几乎是在半自动模式下进行的，就好像背景音乐一样。但我们都知道，电影配乐对于情绪有着强大的影响。能够意识到我们对自己所说的话，而不仅仅是感受到它，是很重要的事情。

不妨回想看看，下面这些句子是否曾经在你的脑中徘徊：

“我一文不值。”

“我一点用也没有。”

“我永远都做不成任何事。”

“无论我怎么做，永远都不够。”

“我什么事都做不好。”

……

如果你的脑中常常出现以上或者类似的句子，那么这便有可能是你生活的背景音乐。如果能够关掉这个背景音乐的话，你的感受会更良好。

然而，还有一种更糟糕的状况，那就是：我们可能会紧紧抓住那些想法不放，即便别人并不那么看待我们。例如，我们可能常常告诉自己：“我总是什么都做不好。”而当某人告诉我们某件事情做得不错的时候，我们便会努力向他表示事情并非如此，或者即便自己做得再好也不配获得任何奖赏。案例中潘多拉的情况就是如此，她向别人寻求帮助，而当别人试图给她一些面对工作，或使她平静下来的建议时，她却将那些建议全然丢弃。

要知道，我们的信念无论多么坚固，也只不过是信念而已。它是我们学习的结果，而其根源在于过去发生的事情。但是所有的信念都是可以演进的，可以被证实，当然也可以被质疑。正因如此，如果我们不允许自己怀疑某个信念，那么那个信念很有可能就是假的。现实有许多的面向，我们可以根据不同的观点去观察它，而这些观点也可以进化。

比较之心难免，但别发展成负面思维

我们会拿自己和他人比较，是为了要降低发生在自己身上的事情的严重性。有一些健康且有益的比较可以帮助到我们，例如：“任何人在我的处境下都会遇到相同的问题”“这些事情在很多人身上都会发生”。相对地，另一些比较则会压制我们，例如：“如果换了我哥，在我的处境下，他一定会知道该怎么做”，或者“我比别人软弱，所以我无法克服它”，等等。

当看到有人能够面对我们所担忧的情况，或者能够处理使我们崩溃的情绪，我们便会在心里画出一条水平线：那些人在水平线之上，而自己在水平线之下。通过比较，我们便能够证明自己没有达到那个水准，从而产生这样的信念：“我做的永远都不够”“我不如别人”“我不够好”或“我就是达不到标准”。这些潜在的信念，就是我们应该努力消除的负面思维。任何不容置疑的评判之语，都未必是真的，因为没有事情是非黑即白，我们必须学习观察细节，从而破除这些对自己不利的“咒语”。

不想内心痛苦，却伤害自己的身体

有时，我们不是在想象中锤击自己的伤口，而是在现实中这么做。很多人会伤害自己的身体，因为他们认为那是减缓情感疼痛的方式。有时候是真的严重伤害自己，有时则只是用指甲刺自己、咬自己或者捏自己，试图借此来摆脱悲伤与痛苦。当身体的痛苦占据了所有的注意力，情感的痛苦似乎就会远离我们。但这样做的问题在于，情感的伤口仍旧没有愈合，它还会重新发出疼痛的信号，提醒我们应该做一些不一样的事，去处理它、修复它。如果我们用身体的疼痛来回应内心的疼痛，即使暂时看起来奏效，但其实于事无补。

很多时候，人们可能没有完全意识到自己到底做了什么。人们可能会吸食毒品，以为自己不会受其控制，却从此坠入自我堕落的旋涡。毒品能够暂时消除痛苦并带领我们进入另一种状态，但这不是我们内部的资源，因此当我们再度感到难受的时候，就不得不依赖毒品来重新调节自己。

有时候，人们会选择用食物来抚平创伤，直到胃痛呕吐、食道受损。也有人会用赌博等不健康的方式来伤害自己。人们之所以会认为这些方式是有效的，是因为它们能使自己远离不适感，而在他们看来，那种不适感已经无法用其他方式调节了。但这些行为及其附加的伤害，反而会让痛苦加剧，而我们已经陷入恶性循环中，难以跳脱出来了。

有时候，我们会为自己所做的事感到难过，但是它们导致的内疚和羞愧已经使我们无法重新思考，而且将我们推往使自己受到伤害的方向。真正的解决方式不仅仅是要停止那些自我伤害的行为，更重要的是找到有效的情绪调节方式。当我们感到自己拥有其他的资源，能够调节自己的情绪，那么这些自伤的行为就不再是必要的了。

别傻了，自杀解决不了问题

自杀，是错误的自我情绪调节的极端做法。经常有这种想法的人，可以试着将这些想法套用到别人身上看看。比如：她现在处境很艰难，她正在为一个问题所苦、为一段失去而难过、为一个困境而感到无能为力……那么，难道帮助她最合理的方式就是杀死她吗？当然不。既然如此，我们又为什么会觉得自杀能解决自己的问题呢？

很多时候人们有自杀的念头，却并不代表真的想死，只是想要休息一下、停止痛苦、结束一切，将烦恼抛之脑后。在某种程度上，就好像想要逃到一个没有人会打扰自己，也没有任何现实问题的小岛上。我们也有可能会认为，这个世界没有自己会更好（有意思的是，自杀明明会给亲人造成难以克服的伤痛，我们会为亲人的离去而痛苦，却没有意识到自己如果自杀的话，亲人会有多么悲伤）。这种妄想或许能够将我们从痛苦中抽离一段时间，但一旦回到现实，痛苦的感觉便又卷土重来。

幻想这些错误的解决方案，根本就是在浪费时间——我们完全可以用这些时间去寻找正确的解决方案，或者帮助自己改善心情。除此之外，虽然我们认为去幻想这些事情能够让自己得到某种放松的感觉，但是这么做，却会滋养那些会在我们内心引发不适感的讯息，例如：我们不值得被爱，我们已经放弃了自己，我们不会再为自己的需求奋斗，或是我们不值得拥有任何美好的事物。

重新问问自己："如果发生在我身上的这种事情，同样地发生在我最爱的人身上，我会希望对方用这种极端的方式来解决问题吗？"我想，答案肯定是不会。当我们迷失在这些想法之中，肯定不会停下来好好思考这个问题，所以你必须帮助自己去质疑内心的念头。

对于想要自杀的人来说，这些想法对于情绪调节其实毫无帮助，只能适得其反。因为它会阻断我们的努力，让我们无法平静，无法了解自己，无法厘清发生了什么事。它会引发强烈的不适感，而当我们停下来意识到自己的感受时，会发现自己变得更糟了。在痛苦的时刻，我们或许不会意识到思考自己的死亡会让苦恼加剧，反而会错误地认为，是因为自己太痛苦了，才会有这样的想法。案例中的索利达跌到情绪的谷底时，就是这么想的，她把结束一切视作一种解脱。然而，当她这么想的时候，内心的感受再度恶化了，但她并未意识到这一点。带着那样的思维生活，就像是把石头绑在脚上走路，每一步都走得更困难。

仇恨与报复，不会让你更好过

当我们承受不住痛苦的时候，可能会转向愤怒，对他人或全世界生气，但这种愤怒无法弥补伤害。让自己困在仇恨和报复的念头里，无法使自己解脱，也无助于情绪的释放，更无法使我们摆脱悲伤。有人以为自己只要能报仇，痛苦的感受便能消失，但事实从来都并非如此。

当别人伤害了我们，我们会想要还击，这很正常。大脑会展开许多不同的选项：和对方作对、让对方也尝尝我们的感受等。这完全可以理解，但问题是，一旦在这些想法中陷得太深，它会占据我们的所有思想。像伊凡那样对他人发泄怒气时候，我们会感到某种程度上的精神解脱。其实，想象自己对某人发怒，也是消除部分愤怒的一种方法，就好像把泄压阀稍微打开一点。但是**当我们陷入了仇恨与报复的循环之中，我们所散发出去的压力，都会再次回到自己身上。**

造成这种情况的原因有很多，有时候是因为我们只给自己这唯一的出口。许多人认为，放下怒气等同于宽恕对方，而这对他们来说是无法接受的，但也许是因为人们将正义的优先级摆在太前面了。我并不是说不该追求正义，而是说不该将其放在我们的健康与福祉之上。很多人会不断挑起冲突，或者紧咬不放，因为他们认为自己如果不这样做，对方便会为所欲为，或是逃之夭夭。但他们没有意识到，自己所做的事情几乎影响不到对方，却赔上了自己的生活质量、人际关系以及个人健康。或许有些人会告诉自己："只要能够报仇，这些都无所谓了。"但其实我们自己的健康、人际关系和生活，才应该是最重要的。如果你不是这样认为的话，可以想一想，是什么样的经历让自己产生了这样的想法。

这便是伊凡的问题之一。回想和父亲的过去，会让他充满恨意，而只要再多想上一会儿，他的大脑便会被怒火所占据。接下来任何让他不舒服的事情，都会延续那个循环，令他不断思考如何报复对方，才能对得起自己所受到的冒犯。那天他和老板的冲突也是一样，他不断地在这个循环里头打转，越来越生气。愤怒本身是一种健康的情绪，但我们应该打破那些恶性循环。想要改变这一切，伊凡需要去找到问题的根源，了解导致他对父亲发怒的原因，照顾自己的痛苦，直到它消失。这无关原谅，也无关遗忘，只是要正视我们的痛苦，而不是掩盖它。如此，滋养愤怒的事物便会消失，然后我们就能够只在需要的时候生气，让愤怒的情绪帮我们解决问题。

2

不断反刍忧郁，只会越陷越深

在不适感上不停地打转，就如同给坏情绪装了一个放大器。在心理治疗中，这种机制被称为反刍。反刍原本是指某些草食性动物的消化过程，它们一次又一次地咀嚼食物，甚至会把半消化的食物从胃里返回嘴里再次咀嚼。在心理层面上，我们所谓的反刍，是指反复将注意力集中于身体或精神上的不适、问题或忧虑，不断地对自己说“我受不了！”“我真糟糕！”“我好痛苦！”或“为什么这种事情会发生在我身上？”之类的话。

有反刍倾向的人，常常不会意识到这对自己有多么不利，甚至伤害了自己也全无察觉。他们觉得这么做是再正常不过的：既然没有找到答案，怎么能停止发问呢？然而，他们的疑问本身就是问题的所在。这些“为什么”并非基于好奇心和自我观察，而是一种自我折磨。就好像抓住自己的衣领使劲摇晃，并谴责自己：“你没有理由这样做！”

面对自己无法承受的情绪和感受时，如果我们是非常理性的人，可能会在脑中不断思考如何解决它。解决的方法可能在于改变信念，但我们往往对错误的信念太过依赖。例如，我们可能会相信悲伤等同于软弱，而软弱对我们来说是有害的，别人会因此而占我们的便宜。

或许我们曾有过类似的经验，便把它视为普适的法则。我们会告诉自己，如果不再软弱，就不会被伤害。从此，避免软弱便成了一个至关重要的目标。然而，我们如果不允许自己感到悲伤，便无法让悲伤离开。悲伤需要由意识之门出来，然后随着眼泪，稀释在倾诉痛苦的过程当中。

自认为坚强的人，往往更脆弱

那些自认为坚强的人，通常都是最糟糕的患者，因为他们不会做那些在自己软弱时有益身心的事情：他们从不休息，也不寻求协助或接受帮助。当他们感到不适，只会斥责自己，告诉自己没必要悲伤，但这样做对情况并无帮助。他们无法接受自己也是凡人，也会经历低谷。但他们认为，自己正是凭借这样的信念才能够存活在世界上。而他们该做的，只是诚实地面对真相而已。

我通常会向抑郁症患者说：**要放下抑郁，最重要的是学习如何正确地抑郁**。那些懂得如何正确地抑郁的人，能认识到自己的情绪状态，发现自己的心情低落；他们能接受这个事实，而不和自己的感受争吵；他们不会要求自己表现出一切如常的样子，因为他们很清楚自己的极限在哪里，也能适应所有的可能性；他们也不会做对自己不利的事情，不会让事情变得更糟；他们会尝试寻找能够帮助自己的人或事物，并允许自己接受帮助。

相反地，那些不懂得如何好好抑郁的人，在没有到达无法忍受的地步之前，都不会发现自己有多难过。他们不愿接受自己的悲伤或疲劳，并会要求自己表现得一切如常，告诉自己必须坚强。如果做不到，便会严厉地责备自己，甚至完全孤立自己、放弃自己、用酒精麻醉自己，还会放弃治疗，使那些试图帮助他们的人束手无策。而且，他们压根就不愿意承认自己也需要被帮助。如此一来，他们的抑郁状态会变得更长，也更艰难。当然，他们不是故意要这么做的；但重要的是，他们必须意识到事情仍有转圜的余地，必须学会如何善待自己，当他们感到难过的时候，更要好好对待自己。唯有做到这一点，情绪才能有所改善。

本书开头的人物中，有些人就有反刍的倾向：马提亚尔会不断纠结于事情应该怎么样，阿尔玛会一再回顾已经发生的事情，并把焦点放在自己的错误与缺陷上，不停地提醒自己犯了错。改变这些思维过程，才是改善情绪调节系统的关键。

由此可见，如果努力排除一个想法，只会使它不断增强。我们必须学习如何去转变它，将这种思维模式从自我谴责变成自我帮助。我们可以按照以下图表中的步骤进行自我调节：

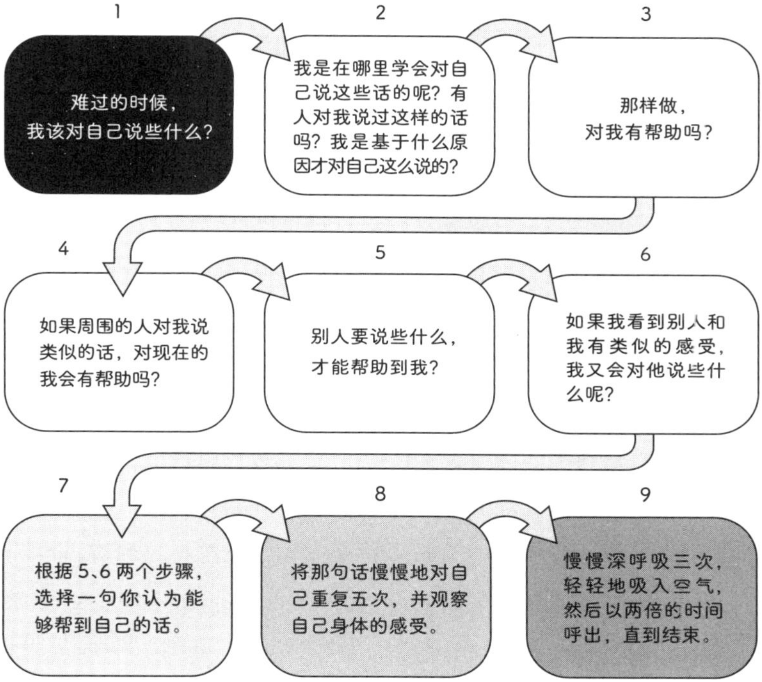
1
难过的时候，
我该对自己说些什么？
2
我是在哪里学会对自己说这些话的呢？有人对我说过这样的话吗？我是基于什么原因才对自己这么说的？
3
那样做，
对我有帮助吗？
4
如果周围的人对我说类似的话，对现在的我会有帮助吗？
5
别人要说些什么，
才能帮助到我？
6
如果我看到别人和我有类似的感受，我又会对他说些什么呢？
7
根据5、6两个步骤，选择一句你认为能够帮到自己的话。
8
将那句话慢慢地对自己重复五次，并观察自己身体的感受。
9
慢慢深呼吸三次，轻轻地吸入空气，然后以两倍的时间呼出，直到结束。

转换思维模式的 9 步骤提问

你忧虑的事，大多都不会发生

另一种能将不适感放大的重复性思维是忧虑。它与反刍思维不同的地方是：反刍通常是在过去或现在的情绪状态上无谓地打转，而忧虑的人则倾向于将焦点放在未来，准确地来说，是放在未来最糟的可能性上。忧虑的人会为有可能发生的可怕事情或对灾难的预期而苦恼。反刍是抑郁症中的常见思维，而忧虑则是焦虑症的典型特征。

忧虑的人会认为担忧可以保护自己，如果不去担忧的话，会受到危险的伤害。这种信念有时在某些家庭中很普遍，并代代相传。然而事实上，担忧并不能帮助一个人避免问题，或保护自己。而且有时候，过度担忧反而会使我们无法察觉真正的危机。这就是所谓的见木不见林。

例如，潘多拉和她的母亲一样，有着很强的忧虑倾向。她总是会做最坏的打算，而这会被某些家庭信念所强化，例如：不会为自己担忧的人是没有责任感的。然而，忧虑没有帮助她回到工作岗位，也没有帮助她寻找更好的工作，或使她在未来用不同的方式处理冲突。忧虑感如此难以负荷，她却放任忧虑扩散，因为她没有发现停止忧虑才是她应该要努力去做的事。她也不相信自己能做出什么改变，只想到了一个外在的解决方案——服药。

思考我们可能犯的错误，确实可以在某种程度上帮助我们制订计划。但是如果我们坚信一定会有什么事情出错，从而焦虑不安时，忧虑对我们便不再有利。如果忧虑倾向非常强烈的话，我们就会花费过多的时间去担心那些永远不会发生的事情。虽然事实无法证明我们的理论，但当我们偏好某种想法时，往往不会将它与事实做比对，甚至会自欺欺人，只选择看见符合自己观点的那部分事实。

记得我还是住院医师的时候，有一位同事有“扫把星”之称。所有急诊部门的人都认为，只要这个人值班，他就会为急诊室带来厄运。由于我习惯用科学的方式来理解世界，所以我开始记录当这个人值班的时候，急诊室的情况究竟如何。结果是，大部分的情况都还不错。但是在还不错的情况下，没有人会去注意那位同事是否在值班，而当很多病情严重的病患被送来急诊时，大家就会去注意他在不在。此时，如果同事们看到那位同事，就会说："果然，他就是个扫把星！"我的调查并没能消除迷信，而同事们也忽略了我的论点。不正确的想法往往很顽固，它们拒绝消失。

忧虑的倾向之所以如此根深蒂固，可能和我们的成长经历有关。**在某些家庭中，人们会把担心与关爱、保护混为一谈**，比如潘多拉的父母可能会说："我是因为爱你才会担心你。"他们认为担忧是关爱的唯一且合理的方式，不去担忧被视为一种缺点。如果一个人成长在这样的家庭而不试着去担忧的话，可能意味着在这个家庭中失去自己的身份，自己对社会群体的归属则会受到抨击。我们需要了解，这些家庭信念只不过是某些群体的运作模式，而非世界通用的准则。时常表现担心的家庭并不健康，即便这些担忧伴随着关爱与美意也一样。因为在过度担忧的氛围里，一个人很难发展出安全感及自主性。

如果你是个很容易担心的人，就让自己变成科学家吧！观察自己每天会担忧多少事情，而其中又有哪些最终成真了呢？有时候，过度的担忧会让我们变得紧张，而把事情做得更糟。也就是说，担心自己某件事情会做不好，反而真的让那件事情出错。当你下一次担忧的时候，应该告诉自己："我那天也以为坏事会发生，结果并没有。"

在反刍与担忧的背后，或许还存在着被抑制的情绪，而它们的作用就像是让汽车保持运转的马达。我们内心深处可能会为自己感到羞耻、觉得无能为力，或不想和深层的痛苦与悲伤做联结。这就是为什么我们的大脑会不断地打转，试图寻找一个出口，却没有意识到被隐藏起来的感受，所以再怎么打转也还是留在原点。想要改变，第一步便是从汽车上下来，找到它的基座，将有问题的部件拆除。

3

回避情绪，犹如饮鸩止渴

另一个会造成严重问题的情绪调节机制，是回避。

当我们离开自己的感受，或者避开会触发特定情绪的情境时，会在第一时间感到放松，然而不久后，坏情绪可能卷土重来，逼迫我们去面对现实，之前没处理的问题可能会变得迫在眉睫。到了这个地步，一切会变得更加复杂，更加难以处理。这就是潘多拉在经历了糟糕的一天之后所发生的事情：她逃避上班，试图以此避开焦虑。而阿尔玛在面临自己的羞耻感时也是如此，不过她的反应更多是发生在潜意识的层面。

解决回避的方式非常简单：我们必须沿着逃避的路线原路返回，去接近自己不敢面对的情绪与情境。暴露疗法已被证实对于回避相关的心理问题有一定的效用。有计划地让自己逐步暴露在焦虑感面前，能够使我们不再产生这种感觉。然而，要说服一个会自动回避不适感的人反向运作，是一件极其困难的事。

如果我们习惯回避，那么通常只会想到面对负面情绪的坏处，以为回避是唯一的选项。想要改变，就必须理解直面恐惧会带给我们什么好处，以及什么程度的回避会给我们的生活造成困扰。我们必须承认现实。回避就像毒品一样，因为只要逃避痛苦，或者将痛苦留到未来，我们在当下就会感觉到巨大的解脱。习惯逃避的人通常会很熟悉这种解脱的感觉。相反地，面对现实虽然有种种好处，却需要经过一定的时间才会呈现出来，并且需要足够的信心和动力去打破自己的惯性。

扭转这个过程的方法很明确，那就是逆向而行。由于这条路很漫长，所以我们首先必须清楚旅行的宗旨，并在整个旅途当中牢牢铭记。回避倾向可能会扩展并延伸到我们生活当中的许多情境，而我们要做的改变，就像是要逆流而上。了解这条路的方向以及其中的各个阶段，能够给自己某种程度的把握。接下来我们就来看看，这趟旅程会包括哪几个阶段：

- 我们必须清楚回避倾向会带给我们的负面后果，以及面对那些情绪与情境能有哪些好处。
- 由于回避倾向是潜意识的反应，所以我们必须有意识地去扭转它，为此，我们必须自我观察，去注意许多平时不会去注意的事情。
- 我们常常会想要寻求立即的解脱，这也是回避倾向如此吸引人的原因。不要被它给诱惑了，这一点很重要。
- 在回避倾向里，有一些特定的问题是我们必须去辨识的。比如，这种行为模式是何时开始的？在那之前发生了什么？如果不回避，会有怎样的后果？

- 我们头脑中时常要有一个关于未来的画面：当自己成功改变之后，会是什么样？即使自己尝试了多次却失败了，也要谅解自己，因为改变某种行为模式的唯一方式，就是经历多次的失败，正如我们生命中所有的学习过程一样。

面对，能让我们更自由

如果不断地远离那些会促发自己不适感的事物，那么我们可以回旋的空间将会变得非常有限。为了避免引发不舒服的感觉，很多人放弃去自己原先喜欢去的地方，或者放弃了一些特定的社交关系。而且这种回避是没有尽头的，可能会使自己一再退缩。首先我们可能会避开有许多人的地方，然后是一些团体，再后来谁都不想见，最后可能连家门都不想出了。这种状况便是回避倾向最病态的版本，所谓的广场恐惧症。当焦虑症患者陷入这个陷阱后，负面情绪便会不断滋长，情况也变得愈加复杂。此外，虽然焦虑症可以通过药物改善，但是药物对于广场恐惧症而言几乎没有效用。这个病症的解决方式只能是逆向而行，回到原来的道路，收复失地。

勇敢面对情绪，能够改善我们的情绪调节系统。如果我们逃避某种情绪，或努力避免触碰它，就无法学会驾驭它。它每次出现都会让我们难以应对，并加深“回避是唯一的选择”这个信念。相反地，如果我们让它停留一会儿，无论它是多么的令人不舒服，至少不会因为恐惧而助长它的力量；而且，允许情绪停留，就会让情绪进入处理程序，然后慢慢地抛弃原来的系统，并适时把空间让给其他的情绪状态。

当我们练习与情绪共处时，调整思维也很重要。如果告诉自己“我无法承受这些情绪”，或“我希望这种感觉立即消失”，那么不适感会变得越来越强。如果提醒自己“我可以学着忍受这种感觉”，或“随着时间流逝，不舒服的感觉会慢慢减弱”，那么就能帮助自己消化它。

另一个可以帮到我们的工具是距离。允许自己感受所有的情绪，同时不让自己沉溺其中。如果我们能够观察自己的情绪并有效地思考，那么情绪就有可能流露，并提升至更好的状态。不妨想象这种情绪以某种形式呈现出来，例如一种颜色、一个形状、一朵云等，或者将它想象成搭火车时窗外移动的风景。暂时不用对它做些什么，目前最重要的练习便是学会观察，不让视线移开。

去往自己原先会避开的地方，允许自己感受原本会排斥的情绪，以及解决原先的拖延问题，便能让我们发展出内心的安全感。这样，我们就不再害怕自己因情绪而崩溃。因为我们会相信，自己有力量掌握情绪。

如何拒绝自动化思考

正如我在本章开头所谈到的，回避倾向的问题之一，就在于它是半自动式的。我们将它内化在自己的行为模式当中，以至于它会自然地反应出来，几乎不被意识到。想要改变这种行为模式，必须要不断地察觉自己的反应，而这种关注程度在平时是很难维持的。知道自己的努力是值得的，能够帮助我们保持专注，并在分心的时候重新聚焦。虽然这并不容易，但每当我们意识到这个机制的时候，都会更往前一步。只要有恒心并且把持方向，你就能做到。

那么，我们应该把注意力集中在哪里呢？我认为应该特别关注会促发这些行为模式的情境。我们也许会回避特定的社交场合或地点，也可能会回避所有可能促发负面情绪的事物，例如谈论让自己难过的话题、经过自己害怕的地方、处在自己容易引发愤怒的情境，或让自己感到羞愧、厌恶的事情等。**我们要有计划地主动接触它们，而不是让它们来找上自己，这一点很重要**。若你决定要去一个让自己感到紧张的地方，最好将其安排在一个特定的时刻，专程去面对那些情绪。这么做的效果，和我们因为别无选择才这么做，是完全不同的。前者是我们主动去面对情绪，而后者是我们被情绪追着跑。在心理层面来说，这两种情况有很大差别。

一旦我们计划去面对以前回避的事情，或流露出之前所排斥的情绪时，我们的情绪调节系统便会发生改变。我们必须去接触它们，而不是尽量转移注意力，或者逃往让自己感到安全的人、事、物。要知道，回避倾向的背后通常都会有一种恐惧：我们害怕去感觉自己的感受。而想要消除恐惧，就必须去经历它；**恐惧必须经过我们的身体，在身体里停留足够的时间，才能被处理、被放下**。

有一个观念可以帮助到我们，那就是：**恐惧本身并不会思考**。恐惧是一种直觉的反应，从我们出生起，它就能保护我们免于危险。大脑中与恐惧相关的区域是杏仁核，它位于大脑中央，会因为不愉快的刺激而被启动，也会因为我们对自己所说的话而平静下来，或产生其他反应。在必须快速做出反应时，杏仁核会为我们做出决定，但它无法仔细思考。危机一旦过去，我们的前额叶——大脑前端负责思考与计划的区域——就能取回事情的主导权。也就是说，我们之所以能够摆脱困境，是基于恐惧（告诉我们必须保护自己）和思考能力（能够衡量危险并制订计划）的组合。

在某种程度上，杏仁核就像是一个婴儿。当某件事情吓到婴儿的时候，他就会哭泣。无论是面对无害的噪声、陌生人还是真正的危险，哭泣就是婴儿的标准反应。事实上，婴儿可能无法侦测到真正危险的事情，因为要能够辨识危险，必须对世界有一定程度的了解，但婴儿在这个阶段还没有发展出这种能力。为防万一，当婴儿受到任何刺激，都会大声哭闹，使大人不得不回应他。而照顾者需要在此时思考问题、衡量危险，也要抚慰婴儿说情况并不严重；或者当他们认为情况可能会影响到婴儿的时候，就要出手干涉。

当我们长大之后，照顾者的角色则会变成前额叶区。如此，我们便能察觉到恐惧（杏仁核会通知我们），并且衡量情况（前额叶会思考并做出决定）。恐惧就像是我们必须去照顾的婴儿，当婴儿哭泣时，一定要去看看发生了什么事。然而哭声也分为很多种类，照顾者必须专业地区分孩子是为什么而哭。例如，是因为发生了什么事情，还是纯粹因为肚子饿了？面对恐惧，我们需要有同样的辨别能力：真的有危险吗？严重吗？如果我们被这个情况惊吓到，却没有察觉到任何危险，那么，这是不是因为眼前的情境让我们想到了另一个真正危险的情况呢？总之，在不同的情况下，我们会做出不同的反应。

如果我们将恐惧看作是婴儿，而自己则是学习照顾他的大人，便能够意识到该系统的两端，也就是恐惧情绪与思考能力，对于情感的平衡运作来说都非常重要。而这种方式也能够适用于所有的情绪：我们必须允许自己感受它们，而一边感受它们的同时，还要一边思考。我们可以从自己能够负荷的小事情开始着手进行这样的练习，等到技术熟练时，再逐渐提高难度。

让恐惧为我们做决定，就如同让婴儿来指挥交通一样危险。无论婴儿怎么吵闹，解决办法就是取回主导权，将它导向对我们最有利的路线。当然，我们必须照顾好婴儿，安抚他，和他说说话，让他感受到我们就在他身边，并且我们很清楚自己在做什么。有了这份安全保障，就让你的恐惧去面对自己平时会回避的事物，教它找到每个情境里合适的反应吧。

回避会上瘾：舒缓越大，痛苦越多

把回避转成面对的另一个重点是，不要陷入追求立即舒缓的陷阱。回避是会上瘾的。它能带给我们立即解脱的假象，而且痛苦越大，舒缓程度也越高。但我们往往忽略了这样的事实：在回避之后，内心的负担也会放大数倍。人们只想感受片刻的平静，但那份平静却是最大的陷阱。这时，我们便会如瘾君子一般，相信自己对自己所说的谎言和借口。

这些借口，是我们要去改变的重点。我们得意识到它们，将它们写下来，并且质疑自己的观点。不要拖延，通常我们说“我明天会做”的时候，到了明天还是会说同样的话；而面对那些无论如何都必须去做的事情，“现在没有心情”并不是一个正当的理由。与其这么说，更有效的说法是：“我现在很懒，但是明天会更没有心情”或者“我现在没有心情做，但是做完心情会比较好”。

当行为模式陷入自动回避的状况，我们必须真实地面对自己。不要折磨自己，也不要谴责自己，只需要说：“回避对我没有好处，我要学会如何改变它。”这么做，至少我们不会欺骗自己，不会逃避眼前所发生的事实。

当我们不去回避情绪，不为自己的不适感寻求即刻的舒缓剂，我们对它的依赖就会越来越少。最好还要提醒自己，改变的好处要到中长期才能看见，所以在达到目标之前，不要改变方向。

有许多指标可以帮助我们理解回避机制为何会出现。首先是观察这种行为模式从何时开始，这可以帮助我们了解到它的意义。有可能是因为当时我们没有适当的选择，或者我们曾经见过自己视为榜样的人也有回避的倾向，于是便将这种运作模式内化了。

另一个重要的问题是，在你采取回避行动之前，发生了什么事？在你说出“我明天会去做”，或分散大脑注意力的前一刻，你的感受如何？当时的感受或许是，大脑认为自己无法处理这些情况，便让我们远离它们。我们或我们身边重要的人如何回避感受，在什么情境下回避感受，我们对这样的经历有何看法，这一切就建构了我们关于“回避”的个人叙事。理解这个故事，可以帮助我们不再重蹈覆辙。

另一个可以去关注的指标是回避的后果。问问自己：若是不去回避的话会有什么样的后果呢？也许自己会发疯、会失控，或者开始崩溃，以至于事情永远不会结束？又或许，你所害怕的是做出决定之后的结果？例如担心自己出错，或者感觉自己很差劲，才对做出决定无限期地拖延。

当我们清楚了这些想法，才能知道如何卸除回避机制。例如：如果因为害怕出错而迟迟不做决定，就该停止对自己的错误怀有负面的看法，而应把它视作一种学习的资源——失败会让我们难受，但我们可以承受它（除非我们强迫自己做到十全十美，但如果是这种情况，我们应当重新审视自己的信念）。然而，长期的优柔寡断会让生活变得痛苦，解决方式就是为自己限定一个时间来做出决定。如果超过时限，就任选一个选项，或者用丢硬币来决定吧——**宁可做出错误的决定，也不要困在犹豫不决中**。

重要的是，一旦做出决定，就别再纠结了。每当大脑冒出“如果……会如何？”的想法，就必须告诉自己：既然已经决定了，就别再去想它。

想象一下不再回避困扰的未来

让我们来想象未来，若你不再回避那些困扰自己的事物，可以带来下面这些好处：

- 当我们必须做某件事情时，能在借口出现前就立即行动；这会让我们省下许多时间，也能免除不断迟疑所带来的痛苦。
- 遇到问题的时候，就使用手边最可行、最有效的方式来解决，因为我们必须借由大大小小的问题来练习，让自己变得有效率。
- 我们会有安全感，因为无论生命为我们带来什么样的事情，我们都很清楚自己能够面对它。
- 我们将能够回顾过去，停下来感受那些回忆所带来的感受，然后更清楚地了解自己是谁。
- 经历困境时，我们不再觉得自己会掉入深渊，因为我们已经知道，所有的问题都有出口。
- 每处理完一个问题，我们便能够更有准备地去挑战下一个问题。
- 我们越是习惯和情绪共处，便越会懂得如何去调节它们。

4

被淹没的情绪，都需要被看见

有的时候，问题不在于我们会回避情绪，而是连回避的机会都没有，因为大部分的情绪都被淹没了。人往往只看到冰山一角，低估了所有自己没去处理的情绪数量。如果意识不到被淹没的情绪，那么调节情绪的后续步骤便无法进行了。这是个最简单的道理，却有可能引发复杂的状况。在本书开头案例中的贝尔纳多身上，就能够清楚地看到这种行为模式。

有时，麻醉只有对某些特定的情绪有效，或者和某些看似被阻塞的、无法走出的某个阶段或某段回忆有关。又或者你完全意识不到它们，由于没有察觉到任何感受，便以为自己已经从那个经验中全身而退，不会再被那些事情所影响了。

根据情绪脱节的具体情况，每个人通往这些情感元素的路径也会不一样。**也许我们从来都没有学会往内观看，或为自己的情绪命名**。如果在家中不曾用语言描述情绪，并停下来观察自己的感受，那么即便只有一分钟，这个练习对我们来说也会成为一种挑战。

感受情绪的练习：

观察自己的身体和内在的感受。一切都是从身体开始的，因此就算不了解这些感受的含义，观察它们也是很有效的。不需要做很复杂的事情，就像只要把狼吞虎咽改成细细品尝，学习去感受身体不同的感觉，如：重量、压力、放松程度、温度等。有时候，我们只会在身体感到强烈的疼痛或不适时才会去注意到它，但其实，在平时也去注意身体的感受是非常重要的。人没有一刻是没有任何感觉的，即便那感受再微小，我们也可以察觉。一旦我们习惯去观察自己身体的感受，这些感受就会变得越来越明显，就好像专注地聆听环境中的声音一样，总会听到一些平时没有注意到的声音。

描述情绪的练习：

我们必须学会一些和情绪及身体感受相关的词语，用它们组织句子。为此，我们得和一些会使用这种语言的人练习，谈话时必须以"我感到……"作为开头。

如果你没有听过任何人说情绪的语言，那么就很难天然地掌握它；如果你没有自觉地使用这种语言，那么也很难学会这项技巧。有意思的是，那些不擅长观察自己的感受也不会表达情绪的人，身边通常都围绕着一些情绪化的人，仿佛在暗示他们：这就是他们所需要的。例如，一个不善言词、重视实际事务多于内心感受的男人，可能会被一个擅长表达情感的女人所吸引，和她在一起。但当这个男人到家之后，通常不会告诉妻子自己有什么感受或忧虑，而妻子就得引导他开口。

如果我们身边有可以指引我们的人，就可以依靠他们来练习情绪的新语言。如果没有这样的人在身边，或者无法迈出步伐，那么还可以和治疗师一起进行这项工作，因为他们受过专业训练，能理解我们的困难，并且引导我们改善。

接受情绪的存在，试着找出来

当我们发觉心里有芥蒂时，会企图说服自己：那些令人不悦的东西并不存在。我们以为如此声明便能够解决所有的问题。但其实，我们内心的一切都很重要，所以必须与它们共处，和它们和解。

没有任何旅程比寻找自我的旅程更有意义。想要完成这趟旅程，必须借由他人的协助，无论是朋友还是专业人士，因为在没有任何地图和参考文献的情况下，想要去一个未知的领土是不可能的。对于案例中的贝尔纳多来说，了解自己和情绪脱节的原因很重要，但在那之前，他必须先意识到自己脱节的程度。他的好朋友克拉拉和他有着完全不同的性格，她在这件事上帮助了贝尔纳多，当然，并不是由贝尔纳多主动求助的。

我们的神经系统可以感觉到最微小的感受。有些人极端敏感，或非常强烈地去感受情绪；另一些人则很冲动，会不加思考地立即行动。案例中的潘多拉和阿尔玛就属于第一种类型的人，伊凡则是第二种类型的代表人物。相对地，有些人比较不会被自己或他人的事情所影响，他们的反应也比较慢。如果状况不严重，便不构成问题，但是察觉不到太多的感受，会让人的情感变得扁平，接收不到只能借由细微情绪才能够察觉到的关键信息，这一点在人际关系中尤为明显。然而，要记得性格是可以改变的，那些不太能感觉到情绪的人，也可以通过关注自己的感觉来发展这种能力，就像可以训练耳朵去听到一个微弱的声音。

与情绪联结，为自己开启一扇门

与情绪脱节，有时是我们自己的行为导致的。有些人生活得太茫然，不断和别人发生关系，却不停下来观察自己的内心，或者干脆借由服药、吸毒或酒精来麻痹自己的感受。在伊莎贝拉·科赛特（Isabel Coixet）执导的电影《言语的秘密生活》中，女主角一直到为公司工作了五年，上司第一次强迫她放假时，她才开始将自己的情绪与过去做联结。

全力投入外在的事务，会使我们与潜在的情绪隔离。若隔离的效果不佳，内心的潮涌通常也不会停止，从而使得我们加强麻醉剂量，却适得其反。也许你感觉自己无力改变情绪调节的机制，但你要做的其实是停下忙碌的脚步，让情绪能够找到你。在寻找自我的路途上，逃跑并没有意义。

无论是哪一种类型的脱节，最重要的是，我们要知道如何和自己的情绪重新取得联系。回想一下，在观察自己情绪状态的时候会发生什么事情？一开始，我们几乎不会注意到情绪的存在，而一旦察觉到，我们的杏仁核便会有较强烈的活动，启动负面情绪。但若是我们开始为情绪命名，杏仁核的活动便会下降。

当我们将自己的感受写下来时，也会发生同样的事情：起初看似心情会变差，但之后会比没有写下任何事情，或只写一些中性的事情来得更好。如果持续做这样的改变，拥抱情绪，情绪就会得到化解，一点一点消失。与情绪重新联结的那一瞬间，就像是开启了一扇门，一阵暖风吹来，然后慢慢地，我们会适应这种新环境。当情绪从被隔离的房间中走出来，我们会看见它们是如何构成的，也了解它们的意义何在。

别忘了，脱节曾经是一种必要的适应过程，也是保护我们免于崩溃的应急系统。也许我们不曾有过学习情绪语言的机会，或者因为必须坚强或继续前进而无法停下来观察自己的感受，所以总是停留在冷系统中。

想要让自己重新与情绪联结，可以试着想想，别人若在我们的处境中，会有什么感受？这么做，有时可以帮我们看得更清楚，而往外看的角度会比往内看更客观一些。

想要改变脱节的状况，可以先从这张图表上，看看自己情绪脱节的程度如何：

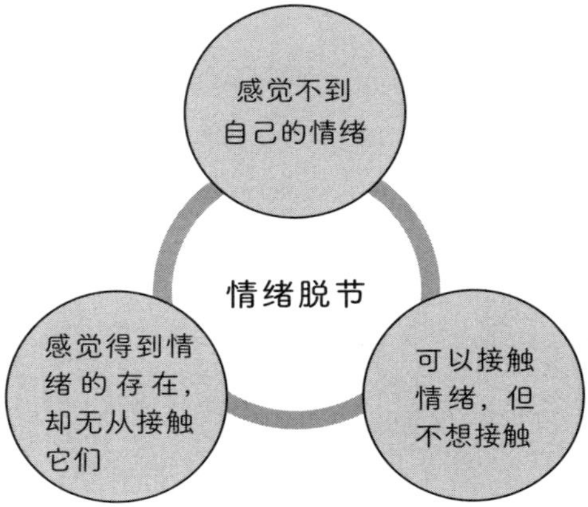

情绪脱节的三种类型

张开双臂，迎来正面情绪

请试着想想看，与情绪脱节的状况是早就存在的，还是在你生命中的某个时期开始出现变化的？理解这一点有助于我们调节情绪，集中注意力，意识到最重要的关键，进而将大脑的前端、上端、深层部位以及整个身体联结起来。

我们也可以借由自己的身体来做到这一点。比如，许多人都从瑜伽、太极拳等不同的练习中受益。生理对心理的影响是非常大的。如果一边思考问题，一边伸展双臂，会比伸直并紧绷双手的时候能想到更多的点子与更好的解决方案。如果能够让身体舒展而不是紧缩，我们会变得更有自信，能够把问题解决得更好，也会体验到更多的正面情绪。

身体姿势的实验

让我们来做一个实验看看:

将头低下，肩膀下沉，然后一边看着地板，一边想着一些困难，再然后以这种姿势在房间里或者街道上走一会儿，并告诉自己:“我很有价值，我能够解决这个问题。”接着抬起头，挺起肩膀，直视前方，然后再说一次同样的话。在使用第二种姿势的时候，我们会更相信自己所说的这句话。

研究显示，走路时弯腰驼背，会让人缺乏自信，感觉无助，精神也会更差。灰心丧气的时候，身体如果采取这种姿态，想要恢复就会变得更困难，因为大脑会浮现更多消极的想法与回忆。相反地，当我们抬头挺胸的时候，会更容易产生积极的想法，愉快的回忆也会浮现出来。

下一步，便是一边描述自己的感受，一边观察其细节。想要了解自己的感受，必须知道每种情绪所代表的含义，否则你只是发现了自己的感受，却不知道为何会如此。如果你在与一位要搬到其他城市的人交谈的时候，感到肠胃不适，大脑会告诉我们:“我是因为这个人要离开了而难过，因为他对我来说很重要。”甚至会把这种感受投射到未来的情景，将胃痛的感觉和这个人离开时的感受做联结。如果不了解情绪的含义，你就会把胃痛单纯地视为生理反应，例如:“我吃坏肚子了。”

对于这项锻炼，最好能有人为我们解释我们不了解的一切（要记得，这就像是在学习一种语言一样），但这对我们来说通常是最困难的事。我们常常以为自己没问题，或者有问题也不要紧，于是不愿意寻求帮助。然而，学习让自己接受帮助，是我们能为自己做的最有利的事情之一：我们将借此获得与他人的联结，也发展出调节自身及他人情绪的良好能力。

5

不当控制狂，活得更轻松

许多人在自己的情感国度中都是独裁者。他们不是没有意识到自己的感受，而是不愿意去接受它们。这种人相信，如果想要将自己的情绪维持在可以接受的水平（在他们看来也就是别人完全无法意识到的水平），就必须严格管控自己的感受。他们不允许自己流露情绪，在他们的大脑中有非常严明的法令，规定自己在什么情况下应该有什么感受、不该有什么感受。案例中的马提亚尔就是这样对待自己的情绪的。

这种模式通常与高度的内部要求有关，偶尔也和外部要求有关。对于情感的处理，只有大脑说的才算数。他们为自己的双眼设计了一个完美的世界，所有的人、事、物都按照他们设定的准则运行。如果现实世界和他们自己所设计的世界不符，他们便无法接受。

有控制倾向的人，可能会把对情绪的控制套用在所有事情上面。他们会决定自己应该、不应该思考什么，脑中该有哪些回忆，应该在什么处境之中，周围的人应该如何行事等。但有些时候，这种倾向只会被运用在特定的情绪上面。

过度控制，只会导致失败

卸除控制倾向的第一步，就是了解到它是一个会导致失败的系统，最好在它酿成太多问题之前改变它。控制情绪需要耗费极大的力气，久而久之可能导致我们生病。因为在极端的控制之下，情绪会不满、会抗议，试图平息躁动只会引来更多的反抗。

我们必须学会和情绪以及周遭的事物交流。但若是一个喜欢控制的人读到这里，可能想想就觉得紧张。对他们来说，与交流相关的事情总是令人崩溃。然而，**我们想要达到的目标并不是不控制，而是一种更优质的、发自内在的控制**。当我们知道自己有足够的资源来处理眼前的一切事物时，便不再需要控制周围的一切。如果我们了解一点意外事件不会使世界崩塌，便不再需要安排好每一个细节，而是可以用更轻松的态度来享受生活，也能拥有内心的安全感。而这种安全感，才是我们真正需要的感受。

对于控制倾向，我们需要做出以下这些改变：

（1）练习弹性

人总是用同样的方式做事情，或者用相同的模式来分析事物。想要让情绪更有弹性，就必须慢慢来，从最微小的习惯开始改变，例如：试穿一件自己从来不会去穿的衣服，或者读一本我们不会在第一时间拿起来看的书。这些举动可能会让我们感到不舒服，这是很正常的。就好像锻炼身体一样，不一定一开始就会有愉快的感受，但在热身和拉伸之后会好一些。

（2）从错误中学习

固执和控制倾向通常和完美主义有关，而试图实现完美，本身就是一个问题。错误可以让我们学习，因此面对错误的时候，不要那么紧张，如果能加入一点幽默感就更好了。犯一些无伤大雅的错误，让自己笑一笑，习惯它们成为我们生命中的一部分。当我对那些完美主义的病患提出这样的建议时，他们会惶恐地看着我；而当他们尝试这么做，经过了一段时间的别扭之后，就能理解到每个人都会犯错，并且感受到解脱。

（3）享受不确定性

任何改变的过程都有一段时间的不确定性，但在那之后，我们便会建立一种新的安全感。不确定性只不过是一个过渡时期，一扇我们必须通过的门。一旦不再回避不确定性，我们便能够开始享受它。想要接纳不确定性，做事就不要计划得太多。例如：和一个朋友见面，但不要事先想好要做什么。即兴发挥有时候可能不会很顺利，但和详细做计划比起来，还是可以省下不少精力。而且，这种随性的方式可以带来很多趣味。

（4）温柔地面对混乱

从混乱中人们可以产生创意，进而对问题提出最有趣的解决方案。只有在混乱之中等到云开雾散，才能清楚地看见天空。而在那之前，只需要观察和等待，不必决定自己该想什么，也不必完全清楚自己的感受。事实上，我们所感受到的，只是一个矛盾事物的混合体，但它却最能够代表现实的状况。

（5）稍微不负责任也没关系

做事不考虑后果，只有在极端情况下才会是一个问题。过度思考会让我们丧失即兴反应，而这种即兴反应对于我们的生活与人际关系非常重要。我们必须习惯一些说法，比如：“还能怎样？”“他自己会好的”或“让别人来负责吧”。这不是不负责任，也不是把自己的责任推到别人身上，只是不让自己承担过多不必要的责任而已。

从小事开始，练习放下控制

人们之所以会发展出控制倾向，很可能是因为他们的家人都是用这种方式来看待世界的，所以他们便内化了这种观念，认为这么做是理所当然。或者，是因为在我们生命中的某个阶段，控制是至关重要的事情，以至于放开它会让我们感到恐惧。除此之外，若加上固执的倾向，就意味着如果想要放下控制，就必须做出长时间的努力。**善于控制的人有一个优点，那就是他们通常也比较有恒心**。如果能用这种恒心来帮助自己的话，便能达成自己所设立的任何目标。

如果你觉得容忍不确定性意味着生活缺少了参照、即兴发挥意味着缺乏基本常识、一旦犯错就会被全世界质问的话，那当然就不会有动力去改变了。我建议大家从一些无关紧要的改变开始着手，看看改变会带来什么结果。我们可能会觉得没有计划的旅游令人不安，但真的做了，或许就可以获得不错的经验。我们需要一些美好的体验，才能在这些尝试当中取得安全感。而且就算出错，由于我们是拿微不足道的小事来练手，所以问题也不会太严重。

如果我们能逐渐放下对情绪的控制，一开始可能有点不适，但时间不会很长，而且之后这种感受就会越来越少。想要维持改变的动力，就得记得改变所能带给我们的好处，那就是更多的安全感，甚至更多的控制权。当我们开始意识到自己之前所忍住或者拒绝的情绪，感到难过并流泪的话，那就代表压力正在释放，否则，这压力最终会导致我们生病或情绪爆发。当情绪开始混合而感受变得模糊，就代表我们的情绪已经开始在流动了，渐渐地，我们可以用更清晰的视角看待自己，也看待周遭的一切。

不要试图强制执行这个过程。如果你无法为自己身上发生或经历的事情而哭泣，那么是无法借由强迫来解决的。**用更多的控制来解决控制欲的问题，就像强拉绳结的两端，试图解开绳结，却注定失败**。我们需要提高自己的弹性。我们需要去演练，练习拥抱不确定性，也练习犯错。改变会慢慢地发生，但必须发生在我们自愿的状况下，而不是被逼迫的状况下。

6

陷入低潮时，你可以这样做

有时人们以为调节情绪就只是去抚平它们，但其实学会管理低迷的情绪状态也很重要。案例中的索利达就是一个典型。当我们心情低落、疲惫或无聊的时候，能不能刺激和鼓励自己，会影响到这些状态的演变模式。

- 当我们疲惫的时候，可能很难做些什么来帮助自己，因为身体会主导一切，而我们也无力让自己脱离那个状态。
- 或许问题在于我们之前所谈到的控制倾向，也就是不允许自己感到疲惫、忽视疲惫的迹象、要求自己超负荷工作，一旦做不到就会对自己发怒。
- 另一些困难和我们的认知有关，比如认为休息是懒惰的行为，而我们把自己定义为坚强而勤劳的人，便会忽视自身的情绪状态。

有一些低活动性的问题，不在于这种感受本身，而在于其根源。例如，若是长期处于疾病或困境中而无法出门，当这种情况结束的时候，身体可能无法马上回到先前的状态。身体在静止状态下待了太久，必须重新锻炼才能恢复精神与动力。

在另一些状况中，重点不在于根源为何，而在于如何面对未来。有时候我们不敢行动，只是因为害怕行动带来的负面后果，而不动意味着“不会失败”或“不会犯错”。比如人们可能会认为：“如果我不去参加考试，甚至不去上课也不读书，那就不会名落孙山。”“如果我不出门，不去认识人，就不会被别人拒绝或排斥。”总有一些过去的事情造就了我们的恐惧，但是对于未来类似体验的恐惧，以及不惜代价的回避，才是导致我们以踌躇不前来自我保护的原因。这一点可能比较隐蔽。一个害怕考试不及格的孩子，或许会表现出懒惰或者没有动力的样子；而一个因为害怕被拒绝而回避和人交往的人，可能会说他很喜欢一个人待着，因为他的个性就是这样。

情绪陷入低潮时，可以这样做：

- 当你被困在某个经验中，就必须从这个经验着手去解决问题，并且疏通情绪系统的运作。
- 如果你过度苛求自己，给自己太大的压力，最好让自己把目标先放下，直到能够产生自发性的动力。
- 如果你容易放弃，那么最重要的是学习激励自己，激发内在的动能。
- 如果你害怕犯错或失败，那么关键在于重新定义自己对于错误的看法，并慢慢地学习去体验它。

七个问题，拯救陷入低潮的自己

当你觉得疲惫或心情低落时，可以这样问自己：

（1）有什么生理或心理问题，是我应该去注意的吗？

关注情绪，不代表不看重其他的因素。有一些身体疾病会导致疲惫的状态，我们最好先确定有没有这样的可能性。饮酒和吸食毒品也可能会导致抑郁状态或性情冷漠，哪怕是小剂量也要注意。还有一些情绪问题，例如抑郁或注意力不足等，都和缺乏做事的意愿及动力有关，这也是这种病症的核心部分。这一类的问题，都需要寻求专业治疗。

（2）当心情低落、沮丧或疲倦的时候，我会如何对待自己？

这种功能失调的调节机制，通常与抑郁症有关，并且会随着时间而延长。一个会为自己的难过感到生气的人，不会允许自己花时间来恢复，也不会寻求或接受帮助，甚至会做出让自己的状态变得更糟的事情，比如饮酒、拒绝服用治疗药物，或者自我放弃等，因而需要花更长的时间才能够恢复。这种自我放弃的倾向，就是对案例中的索利达伤害最大的事情。

疲劳也有可能是我们长期超负荷运转的后果。例如，如果对自己太苛求，或者倾向于为身边所有的人承担责任却忽略了自己的需求，那么迟早会精疲力竭。最初发现这样的迹象时，我们可能会告诉自己“我没有理由这样”，或“我可以处理一切”，而不允许自己休息，最终导致生病。案例中马提亚尔所感受到的身体疼痛，不仅和他当天的压力有关，也和他平时的运作模式所导致的长期压力累积有关。

在这两个例子中，问题不仅仅在于情绪或身体状态（悲伤或疲惫），也在于如何处理它们。我们不只应该了解悲伤或疲惫的原因，也要了解自己为何会排斥它们，或者为何无法察觉它们，以至于这些问题变得难以控制。

（3）我如何看待努力这件事?

人们可能会因为不知道如何努力使自己脱离困境，而陷入了自我放弃的状态。想要为一件事情付出努力，就得坚定目标，但也得将努力视为一种美好的感觉。虽然努力本身很辛苦，但许多人会将努力和自我突破与成就的感觉做联结，借由努力来完成自己的目标。

我们成长经历中和努力相关的经验，会奠定这个感受的基础。无论是在严格要求下长大，被迫做出超出合理范围的事情，还是被娇生惯养，不需要为任何事情努力，在这两种极端状况下，我们和努力的关系都是不健康的，也都有可能导致我们不愿意去努力。但大多事情，都必须付出一定程度的努力才能达成。

（4）我和无聊相处得如何?

无聊和不断重复、拥有太多或缺乏挑战性而失去刺激有关。有些人会让自己沉浸在这种感受当中，甚至享受它，并将它与休息相关联；另一些人则对它抱有负面的看法，竭尽全力地回避这种感受。有些人认为无聊是空虚且没有意义的。他们会将无聊与被阻止进行想要参与的活动联系在一起。在生理层面，无聊会让他们感到精力不足，或无尽的焦虑。

就像所有的情绪和感受一样，无聊只有在一定的程度上才会是正面的。如果每天的生活都过得晕头转向，那么让自己彻底无聊一天可能是很愉快的体验，也可能会激发创意。然而，无法忍受无聊，也会带来问题。有些人总是在寻求强烈的刺激或感受，或者总在做一些事情来避免无聊，甚至在追求刺激的过程中承担不必要的风险。

和无聊和谐相处的关键在于，能在某些时候浪费时间，同时又可以在另一些时候做一些有生产力的活动，不让自己懒惰下来或自我放弃。我们必须根据自己所处的位置适时移动，取得平衡。

（5）我有多久没探索新事物了？

有时候问题不在于不去活动，而是无法进行日常状态以外的活动，或者以为自己没有冒险的能力。人的天性中有一种探索周遭环境的倾向，一旦我们觉得自己能够掌握新的领域或活动时，就会感到自己很有能力，且对此很满意。这种感觉在孩子成功地将积木堆起来的时候特别明显，当他完成这项任务之后，会把积木推倒，然后重新体验这种感觉。这时如果有一个照顾者为孩子欢呼，并鼓励他继续探索的话，这种满足感会更加强烈。相对地，如果这种情况没有发生，或者大人的反应没有持续性，孩子可能会感受不到安全感，因而不再探索。

身为成年人，我们可以专注于自己的愿望或志向，也可以将它们放在一旁，只着重于自我保护和回避事物。如果你过度关注羞愧感，不允许自己出错或失败的话，就很难尝试新事物或进行改变。有时我们过度依赖身边的人，以至于不想要离他们太远，因为那样做会很没有安全感。而最后这种情况通常是因为我们过去曾经和忧虑或没有安全感的人一起生活，当我们离开的时候，他们会表现出焦虑或抗拒的样子。

我们可以通过微小的尝试来学习探索。如果问题在于无法远离身边的人，那么你最好去尝试单独完成一些事情。不需要做多大的探险，只要做一些自己平常不会做的事情，或独自进行一些平常需要和别人一起完成的事情即可。渐渐地，我们便会建立越来越多的安全感。

（6）我会在一种无效的情绪处理方式上耗费多少精力？

不当的情绪处理有如耗油的引擎，它花费的能量比你想象中更多。如果我们面临困境的时候，能够以不同的观点来思考，也许情绪处理将会更加顺畅。例如：当所爱的人罹患重病时，我们会觉得很难过，但是想到他感受到我们的陪伴、我们是在给予他很重要的支持，那么，我们便能够跨越这个处境。控制、抑制、回避和反刍，终究会让我们不堪负荷、精疲力竭。这种疲倦，还可能导致我们没有足够的资源来调节情绪，因而变得更没有耐心、更敏感且易怒。

（7）我的反应能力被阻碍了吗?

如果面对危险情况却无法做出反应的话，或许是我们的反应能力受到了阻碍。面临威胁，只有在自己有办法战斗或逃跑的时候，我们的回应机制才会被激活；如果是孩子的话，无力面对危险，就只能用哭声吸引人前来帮助。当以上选项都不可行的时候，直觉反应会使我们停下来，听从别人的指示，或者索性什么都不做。所有这些事情对于生存都有其意义。如果我们不得不活在这样的环境，或者棘手的人际关系当中，这种动弹不得的倾向可能会变成永久性的，并且就算没有侦测到任何危险，也会被自动激活，甚至就连面对日常的挑战，也会感到沮丧而无力应对。

总而言之，我们可以通过以上七个问题，了解自己是如何处理无聊、懒惰、沮丧和疲惫等负面情绪的。想要克服惯性，就得每天做出一点点改变。若是一下子把步子迈得太大，只会引来反效果。

最后，我们要学习对情绪说一些积极正向的话。

我们在行动时对自己说了什么，是至关重要的。如果仔细观察，你可能会发现，在你的心里总是有一个负面的声音在打击自己。想象一下，你正在练习跑马拉松，身边却有一个声音反复对你说："你累了。""你永远做不到。""你最好放弃。"那你还会有继续奔跑的动力吗？或者，那个声音也会说一些自欺欺人的话，比如："今天先放弃吧，你明天会做。"那么你可能会一直拖延下去。观察我们对自己所说的话，去掉那些负面的声音，用积极正向的话语来取而代之吧。

CHAPTER 5

第五章

让坏情绪变好事

1

调节情绪，先从基础策略开始

也许你会说：好吧！我已经决定了，要努力尝试与自己的感觉联结，然后呢？我该怎么做？

正如前文所谈到的，在我们对情绪进行调节的所有方式中，某些是弊大于利的，或者仅仅是暂时性的解决方案。那么，哪些才是比较有效的调节系统呢？现在我会先带大家回顾一下，在意识层面上我们有哪些选项；然后我们将会在下一个部分谈到，当情绪问题的根源不在意识层面时，我们该朝哪个方向努力。

调节策略和我们如何有意识地掌控自己的情绪有关。如果能用健康的方式有意识地掌控情绪，再加上一些策略的话，便能够事半功倍。其中，有一个要注意的重点是，就算我们用正念练习来帮助自己接受情绪，如果仍持续围绕着负面感受无谓地打转，那么也不会有多大的用处。如果在那之前，能先努力去除反刍思维，以及所有其他适得其反的情绪管理模式，那么同样的正念或冥想技巧，对我们的帮助就会大很多。

对情绪调节最有效的策略，可以分成三类：第一类是在面临困难时，寻找实际有效的策略来面对它，也就是有效地解决问题；第二类是接受生命在不同情境中所产生的各式情绪；第三类是用对自己有益的观点来看事情，也就是重新审视问题。接下来，让我们来一一说明。

有效地解决问题

虽然解决问题不是直接调节情绪的方式，但如何解决问题，会影响我们如何调整或去除压力，并能训练自己以更好的方式来面对未来。许多人很容易被一杯水溺死，当他们面临问题时，容易被情绪淹没，然后认为自己无能为力。**当我们面临困难的时候，首先要做的就是相信自己有足够的资源来解决它**。这不表示我们总能在第一时间知道如何处理问题，但我们需要告诉自己："我来想想如何解决。"如此，我们可以给自己带来信心和耐心。这就像是停车的时候，有些人总是找得到车位，这并不是因为他们有什么特殊的魔法，而是因为他们相信在一个未停满的车库里，总是会有车位的。所以他们会在同样的地方多绕几次，相信总有人会离开并留下空位给他。没有这种信念的人则会直接放弃，然后把车停在一公里外。这听起来理所当然，但如果你不去尝试的话，就无法做到。而且有些时候，还必须多尝试几次才行。

但话说回来，**知道一件事值得尝试到什么程度，什么时候需要放弃，也是很重要的**。所有事都一样，走向另一个极端也是一个问题。如果某件事情我们去尝试了五十次，都没有获得自己想要的结果，那么再尝试第五十一次便是没有意义的。然而，人有时候会很执着于自己的错误。我们可能会花二十年的时间去等待自己的另一半改变，而当对方一如往常地没有改变的时候，我们便会生气，却不会做任何积极的事情来促成改变，或对现实投降。我们会一遍又一遍地对自己说同样的话，然后一次又一次遇到相同的事情。有时候，我们周围明明有上千口井，却一再把水桶放到同一口枯井里。这个时候唯一正确的选择就是放弃，没有必要再浪费时间徘徊。

让我们去处理自己能够解决的问题吧！想要解决一个问题，首先必须了解问题是什么，为此，必须**找个适当的时机来思考它**。案例中的露西亚就是这么做的，她没有在生气的当下情绪化地思考问题，而是等到自己冷静下来之后，才仔细思考发生了什么事情，以及如何处理。随后，她花了一些时间来思考自己手上的选择，以及对于自己的目标而言，哪个选择才是比较可行且有效的。相反地，潘多拉却在压力最大的时候不断思考自己的未来，又加上了许多之前所累积的忧虑，使她陷入了最糟的情绪状态中，无法清楚地思考。

要记得，当我们要分析一个问题的时候，能量不该被情绪给分散，因为大脑无法同时处理那么多事情。分析问题的最佳时刻，是我们能够静下来的时候。但思考让自己不愉快的事，还是难免费神，那些习惯回避的人还是会把决定拖到最后一刻，直到没有时间为止。但这样做，会让我们的负担更重，同时也使得问题不断累积，变得越来越复杂。

散步思考法

要调节情绪，最好在日常活动当中找一个空档，让自己去散散步——可不能对自己说“我没有时间”！利用空档时间，我们可以思考得比较清楚，而散步也能让我们的身体变得有动力，可以激活大脑，帮助我们寻找解决方法。有可能的话，就去一个舒服的地方，那里能够给我们良好的感受，并帮助调节情绪。我们一边走，一边思考解决方案，尽可能让自己自由思考。

想想自己可以做的事情、看似无法做到的事情，以及如果别人在我们的处境中会怎么做。但是要小心，不要在想法出现之前便预设立场。你认为自己该做的事情，很有可能对自己不利，或许那只是别人希望我们做的事，或者我们做不到的事。同样地，某些我们以为自己做不到的事，其实只要用适合自己的方式便能达成。因此，不要在刚开始散步的时候就决定那些方案是否有效、是好是坏、可行与否。只要列出所有选项就可以了。

一旦完成这个步骤，就可以找一个舒服的地方坐下来，审视看看，依目前的状况，所有的选项中哪一些是可行的。例如，去一个不会被打扰的无人岛上定居就不是一个可行的选项（除非你是拥有私人岛屿的亿万富翁）。相对地，对于曾经和我们闹过矛盾的人，如果对方愿意接受和解，那么和他聊聊就是一个可行的选项；但如果对方不愿意再和我们说话，我们就得将注意力放在没有对方的生活上，想象一段永远不会发生的对话是没有任何意义的。

接受情绪原来的样子，并学会放下

近年来，人们开始重视将接受看作是一种健康的情绪调节方式，并借由正念练习来训练自己接受自身的情绪状态，去除一切判断和分析，只专注于当下，全然地接受自己本来的样子。以正念为基础的情绪调节练习，已被运用在许多疾病的治疗过程当中，包括严重情绪失调的相关问题，例如边缘性人格障碍等。

但你也许会问：接受究竟意味着什么呢？很多时候，我们以为自己接受了某个情况，却对自己说“我不想要有这种感觉！”“我应该要有另一种感受！”之类的话。我们希望那些感受能够按照自己的意愿改变。一种情绪往往会带来另一种情绪，比如我们会为自己的难过而生气，觉得自己没有理由这样；或者因为自己的恐惧而感到羞愧，认为自己是个胆小鬼；我们还会被自己的愤怒吓到，然后失控。在情绪的世界里，有很多类似的组合。但这些对我们都没有帮助，而且会违背接受的法则。

对于情绪，我们应该接受它原来的样子，而不要试图改变它。就好像一个孩子感觉不舒服了，就需要被人看到，需要有人对他说：“你很痛，对吗？来吧！我帮你治疗。”治疗方式其实并不复杂，只需要帮他贴上一片恐龙图案的创可贴，或者一个类似“疼痛飞走了！”的仪式，就可以让疼痛减缓。但很多家庭会跳过这个基本步骤，直接告诉孩子：“那没什么，别太当回事。”这就像是在教孩子将脏东西扫到地毯下一样。全然接受，是对整个情感系统的彻底清理，需要将所有的事物先摆在眼前。我们将看见情绪的原貌，然后才能去掉不好的东西。

把情绪看作云朵的练习

接受情绪，就像是把情绪看作云朵。想象一下，在一个平静的日子里，你坐在椅子或草地上，微风徐徐吹来。有些云朵飘浮在天空中，被风吹动着，你不会想要去改变云朵的路线，也不会想要抹掉其中的一些，或改变它们在空中移动的速度。

看着这片动态的天空，思考一下自己所察觉到的感受。你可能察觉到自己有悲伤的感受——你是在自己的眼中发现它的——那就将它放在灰色的云朵上吧。在悲伤之下，可能有羞愧感——你是在自己的脸上察觉到的——那就将它摆在黄色的云朵上吧。还有一些恶心的感觉——你是在观察自己嘴巴的动作时发现它的——那就将它化成一小片绿色的云朵吧。在层层云朵中，你又发现了一点点恐惧——因为你的心跳有点加快——那就将它变成一片蓝色的云朵吧。有的时候愤怒会出现——你的下颚会僵硬——既然你碰不到云朵，也无法消灭它们，那就将愤怒化成一片红色的云朵吧。

不管浮现多少情绪，我们都可以将它们化成云朵，然后将它们摆在天空中，远远地看着它们如何被风带走。

这么做的同时，也要觉察一下自己内心的念头，就像观看电影里出现的字幕一样，如果字幕写着“我不想看这些”“我一点都不喜欢那朵云”“风应该吹快一点，把所有的云朵全部都带走”之类的想法，就将它们改写成“我可以让自己静静地观看它们飘过”或“我可以让云朵到来，也可以让它们离开”。我们的思维可以阻碍自己，也可以帮助自己，我们无法避免这些“字幕”出现在自己的脑海中，但是可以改变它们，帮助它们进化。

无论有什么样的感受，情绪都不是我们有意识选择的。试图消除它们，就好像是相信自己可以改变天气一样。下雨的时候，我们可以决定出门被雨淋湿，或者留在家里避免淋雨，也可以决定穿上雨衣或带把雨伞，可以选择开车或走路。我们也可以诅咒雨水，但无法使雨水回到天上。然而，人却常常做这样的事情，许多住在多雨地区的人，一看到阴天就会生气。最幸福的人，其实是那些不会浪费时间去抱怨天气的人。**那些我们无法影响、无力改变的事，就是不值得花时间去抱怨的事**。

潘多拉若是想要改变自己的情绪系统，就得接受自己的感受，并学会放下。进行上面的练习，主要是为了学习在一定的距离之外观察情绪，学习描述情绪，且让它们自然流露，同时让自己的思维不要去干涉这个过程。而对她来说，最大的挑战是改变回避的倾向，并承认自己必须逆向而行，接受情绪。

换个角度看，打开新世界

换一个角度来重新审视问题，可以使我们的情绪状态完全改变。比如，当事情做不好时，将失败的经历视作在为下一次的尝试做练习，其感受和告诉自己“我真没用”是很不一样的。如果我们被一位朋友背叛，也可以从无可避免的伤痛中取得一些智慧，从而理解人类的复杂性，这种感觉和愤愤然认定这位朋友不值得交往时也不一样。许多心理治疗的过程，就是要将一个阻碍我们的观念转换成积极的可能性，例如认知治疗和叙事治疗都是这么做的。

有时候，我们的思维模式过于僵化或固执，想要换个角度观察事物并不容易。当一个观念进入我们的脑海，我们会被它困住，然后还会全力捍卫这种想法。这样做的缺点就是，我们可能会走向伤害自己的方向，并且执迷不悟。这就好像坚决地走一条已被封锁的道路，并认为这才是自己唯一该走的路；又像是在推一块重达一吨的石头，却不去考虑自己的力量够不够，也不运用杠杆或寻求别人的帮助。其实，只有在择善固执的时候，坚持不懈才是一种美德。你一定要知道什么时候才可以去做，以及可以做到什么程度。

人的观点之所以很难改变，其原因之一就是我们对于合理性的看重。我们应该具体事情具体看待，而不是固执于逻辑、常理或“应当如何”，有时候尽管我们确信自己是对的，但最好还是能够保持开放性。省思自己的观点是否错误，能够帮助我们查看自己的思考方式是否有盲点。如果错了，就同意对方，并把省下的时间和精力放在更有意义的事情上。或者，你也可以在内心保留自己的意见，而不去强迫别人认同自己。如果太过讲求一切都要合理，那么我们可能一辈子都在和别人争论不休，而忽略了自己其实可以将时间、精力做更好的投资。那些认为自己永远正确的人，和那些时常怀疑自己并且不懂得捍卫自己看法的人，都是有问题的。对案例中的马提亚尔来说，固执就是他的绊脚石。他坚信自己对于世界、他人和自己的看法是正确的。他需要耗费很长的时间才能让自己变得有弹性。

另外一个会阻碍我们改变观点的因素是，我们对于自身想法与信念的重视程度。人对世界的信念，在生活的不同阶段会不断演变，而想法也是动态的，会随着不同的情境产生变化。确实，我们对事物会有某些预设的立场，但它们是弹性的，当有新的信息出现时，我们便会质疑这些看法，并建立新的观点。这就是所谓的进化。

然而，也有一些人将自己的想法看作是石板上刻下的圣言，不容改变。他们坚信自己对世界、他人和自己的看法是绝对正确的，只要改变它们，就会失去自我。有人会问自己：“如果我停止对不公平的抗争，那么我还算是什么人？”或者“我这么优秀，怎么可以接受没把事情做好？”不公平或缺乏效率，对他们来说是无法接受的事情。但这份固执，可能会给他们自己或身边的人带来痛苦。没有一个军队会在每一场战役中都倾巢而出，去攻击所有敌人、征服另一个国家。我们需要学会包容，甚至包容自己不喜欢的东西，这样才有办法辨别什么事情才真正值得奋斗。

如果你在认同别人、改变自己或灵活妥协这些方面感到有困难，那就得在这些方面下功夫。当然你也可以继续原来的生活模式，但这样会遇到各种复杂的问题。我当然不是在建议大家完全放弃捍卫自己的意见，只是建议大家训练自己大脑的弹性。对于某些情况，如果你习惯了只用单一视角去观看，那么或许可以尝试使用另外一些不同的视角去思考。

一个有趣的做法是，想象一个和自己完全不同的人，想象他会如何看待同一件事情。这就像是当你觉得累了，就换一副眼镜，从旧的视角里出来，尝试新的视角。如果你固执到无法这么做的话，那就找人聊聊那个情况，以及自己对其他人的感受。

但千万别作弊。很多时候当我们心情不好，去向别人诉苦的时候，会希望得到别人的认同，然后巩固自己的看法。然而，如果别人能够给出不一样的观点，那么对我们的帮助其实更大。这并不代表我们应该全然放弃自己的想法，并采取别人的看法。但是，我们可以试着绕过眼前的石头，尝试用各种可能的角度来观察它。或许你就会发现一个可以撬开问题的施力点。

2

分析事情的“前中后”，全方位调节情绪

情绪不会突然出现，也不会和过去的事情以及对未来的预期毫无关系。一个情况会导致另一个情况，某种情绪会引发一个行动，进而使情况产生变化，然后又触发新的感觉。我们的情绪会依照生活环境的变化而流动，而身边其他人的情绪与感受，也会对我们的情绪变化过程产生影响。

斯坦福大学的心理学家格罗斯所描述的情绪调节策略，并不是基于某个瞬间而已，而是基于一系列的事件。我们可以选择不同的情境，来增加自己所希望拥有的情绪，或减少不喜欢的情绪。当事情发生时，我们可以采取积极的态度来调整它，并将注意力转移到这件事情的某个部分上，来增加或减少自己的特定情绪。当体验到某种情绪时，也可以调整自己的观点，重新评估事实，而当事情过去时，我们便可以调节最终的反应，来减缓紧张的感受、表达自己的感觉，或参加任何有助于我们调节情绪状态的相关活动。在下面的图表中，可以更清楚地看到整个过程。

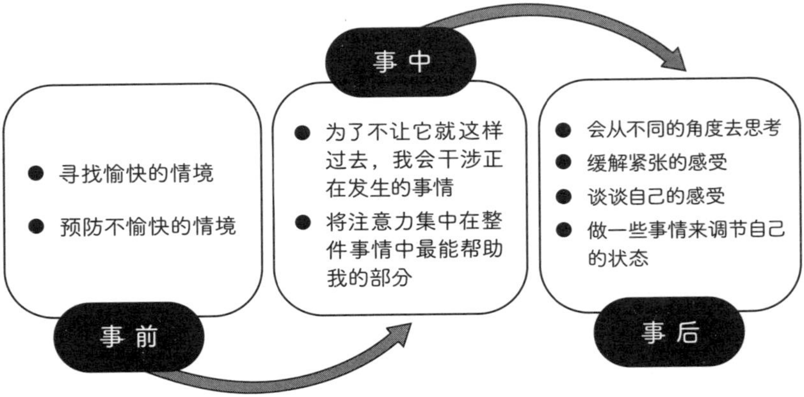

调节情绪的前、中、后过程

了解自己从情绪开始之前，一直到它结束之后的过程是如何运作的，这很重要。下面让我们分阶段来看看情绪的运作。

事前：选择适当的人和情境

先问问自己：我会选择使自己感觉良好的情境吗？我会向自己身边的人寻求陪伴与支持吗？当我感到不堪负荷的时候，会寻求帮助吗？如果有人愿意帮助我，我会欣然接受吗？

另一方面，还可以问问自己：我会回避那些使自己不开心的有害情境吗？会保护自己不落入适得其反的情境当中吗？当不得不面对的时候，我会采取预防措施吗？就算胜算不大或收获不多，也会投入每一场战役吗？当某个情况或某段关系变得有害时，我们知道如何离开吗？甚至，我是否会刻意伤害自己呢？当知道某件事物对自己有害时，还会去追求它吗？

如果要和一个不懂得倾听，或不了解我们的人聊自己的问题，那么解决方式不是减轻这种不适感，而是在一开始就去找另外一个更适合的人谈话，并和前一种人保持一定的距离。有些时候，回避是必须且值得的。案例中露西亚的情况就是如此。

露西亚在日常生活中，以及她考虑换工作的时候都是这么做的。当她利用闲暇时间从事与设计相关的事情时，就不会感到本职工作所带来的沮丧。当她开始探索从事其他工作的可能性时，以后就不必一再忍受老板的坏脾气。这些转变，可以让她以后不必再经历那糟糕的一天中所发生的事。伊凡虽然也要换工作，但他是被自己所造成的情境所逼，而非基于他事前对自己的感受进行深刻理解所下的决定。因此，即便他换了工作，也不能保证以后不会再发生类似的情形。

事中：聚焦在我们能够改善的部分

想一想，如果我们处于复杂或困难的情况中，你是否会做一些事情来让情况改善，或让自己心里好过一些呢？你所做的事情会让情况变得更糟吗？还是你什么都不会去做？如果觉得自己没有能力改变事情的走向，就很有可能会让它爆发，如同在狂风暴雨下，无从遮蔽也无法穿上雨衣一样。

有时，我们知道自己的言行会使对方的反应恶化，而自己也会感到很糟糕，却认为自己停不下来（因此也根本不会去制止自己）。有时，我们会让事情爆发，让内在的压力得到某种释放。在这样的时刻，我们没有处理的情绪会蒙蔽我们的双眼，以至于结果如何已经不重要了。这就是伊凡在糟糕的一天所经历的事情。

我们也有可能过度聚焦在最让自己困扰的事情上，而不是想办法忽略那些会触发情绪的事情。如果有人对你说了一句不中听的话，那就别将它放在心里不断重复，让自己的负担越来越重。或者，我们也可能会被事情的细节分散了注意力，被它带到另一个方向，而忘了自己应该优先处理的事务。本书开头提到的很多人都有这种问题，而露西亚没有。露西亚在受委屈之后，将注意力转到客户身上，这帮助她冷静了下来。马提亚尔和伊凡却把注意力放在自己受到的委屈上，并且变得越来越愤怒。阿尔玛则专注于自己（可能）做错了什么，因此增加了痛苦和羞辱感。

在所有事情中，即使是不好的经验，都有许多不同的层面，我们可以将自己的思绪导向其中的一些，或者什么都不做，让它被其他事物给带走。总之，将注意力放在哪里，决定了我们的情绪状态会是什么样。

事后：接受一切，并采取行动

当事情过去的时候，你会去回想之前的状况吗？如果那件事让你的情绪很强烈，那么会这么做是很正常的，但是该做到什么程度呢？有时我们会花好几天，在某件事情上钻牛角尖，责怪自己有或没有做什么，却不会从当下的处境去分析情况，尝试理解或寻找解决方案。这种围绕着“怎么会这样……”之类的句子打转的循环，就属于反刍思维，会使我们对事件的不安感持续更长时间，而这对未来同样的情况也没有任何帮助。案例中的马提亚尔和伊凡有着各自不同的困难，为了接受现实，他们耗费了很多时间在这种无谓的循环上，却没有得到任何有用的结论，只会使不适感加剧。

也有人会在事后转向抑制情绪，消除情绪反应，告诉自己“我不在乎”，或者“我不会被影响”。有些人压下情绪，并相信情绪会自动消失。但其实，这些情绪只是去了地下室，无论你是否意识到，它们终究会由下往上施加压力。一旦消除了所有能够告诉我们现况信息的情感线索，我们便无从了解事情，而这对于我们的成长和发展是没有帮助的。案例中的贝尔纳多，就习惯于麻醉大部分的感受，但是那天的情况触发了他的不适感，他只好转而用“没关系，没那么严重，没事的”之类的话来麻醉自己。

如果我们不善于将情绪藏到自己的意识深处，也可能会在它们出现的时候努力回避，用各种方式来分散自己的注意力。我们可能会尝试回避任何相关的情境，或任何让我们回想起它的事物。但这样做也会带来负面影响。一旦遇到类似的状况，之前所回避的情绪会让我们的处境变得更糟。正如我们在潘多拉的案例中所看到的，她的糟糕的一天引发了滚雪球效应：回避事情使她的不适感不断增加，甚至持续了好几个月。也就是说，**最糟糕的并不是“糟糕的一天”本身，而是它所带来的后续效果**。

事情发生了就是发生了，我们需要接受这一点，也允许自己渐渐去感受自己在其中所遭遇的情绪，慢慢地分析问题并寻找解决方式，这能够让糟糕的事情变成一种学习的资源。对于露西亚来说，那个糟糕的日子是令她有所转变和成长的。利用负面情绪所带来的经验，我们处理事情的方式会变得越来越有智慧。

这种对事前、事中、事后的分析，也可以套用在使我们产生正面情绪的情境上。问问自己：我会积极地去寻求这样的情境吗？当我身处其中时，会允许自己享受它们吗？当事情发生的时候，我满意自己的状态吗？有很多人不允许好事发生在自己身上，当好事发生的时候，会去抵制它，或者认为花时间在自己身上是很自私的。案例中的索利达从来不会去寻求美好的事物，因此心情越来越低落。愉快的体验是天然的抗抑郁药，却无法进入她的情绪调节系统，即便她偶然遇到了这些体验，也不会接受它们。其他人也因各自不同的问题，在这方面受到了局限。贝尔纳多各个层面的情绪都被麻醉了，因此无法辨别哪些是正面的，也就无法享受任何事物。潘多拉会回避一切不寻常的事情，以免自己感到紧张。阿尔玛被害羞剥夺了丰富的情绪体验。马提亚尔过度关注自己该做的事情，却忽略了情绪感受。

无论我们产生了正面还是负面的感受，重要的是要将我们的改变导向情绪调节系统中最需要调整的那一点，例如：如何寻找或回避特定的情境？当事情发生或结束的时候我们会怎么做？

在这里必须谈到的另一个层面，是情绪状态的连锁反应。例如：当我们被自己所在乎的人拒绝而感到难过时，可能会由恐惧或难过的情绪转向愤怒。或许愤怒一直是我们不擅长处理的一种情绪，因为曾经和脾气很差的人相处过，我们不想要变成他们那样，于是我们便出门喝酒，或抽离一下，结果却使感觉变得更糟。然而，我们可能只感觉到了最后这个环节的不适感，但最重要的，是要了解触发这一系列反应的源头是什么、在这之前发生了什么事、最初的那个情绪感受是什么，那才是我们最应该去调节的情绪状态。一旦我们找到了源头，并做出能够帮助自己的事情，就能避免情绪的多米诺骨牌效应。

3

最细致且有效的情绪调节艺术

调节情绪，不只是局限于当情绪太强或太弱的时候，要去抚平或加强它们。人类可以通过一些非常先进且有效的方式来调节自己的情绪状态。但很不幸的是，正如我们前面所看到的那样，我们也有可能会让自己变得更糟。现在让我们来看看最高超的情绪调节技巧是怎样的。

面对不适感，我们当下所能做的反应，和中长期来看能做的事情，是不一样的。在下页的图表上，可以看到最高级的情绪调节过程：

> 首先，想要应付一个困境，必须为我们所感受到的情绪调整强度，就好像是如果我们想要听得更清楚，就必须调整耳机的音量一样。
>
> 接下来，我们得帮助情绪进化。处理并消化情绪，以不同的角度来检视它和我们以及周遭的关系。为此，我们得停下来观察我们自身感受的细微特征，想一想所发生的事情，和别人聊一聊，并将它和其他事情做联结。如此，便是在转换频道，用最优雅的方式混合不同的音乐，创作出新的旋律。这些复杂的策略，最终能够提供给我们更多的资源。

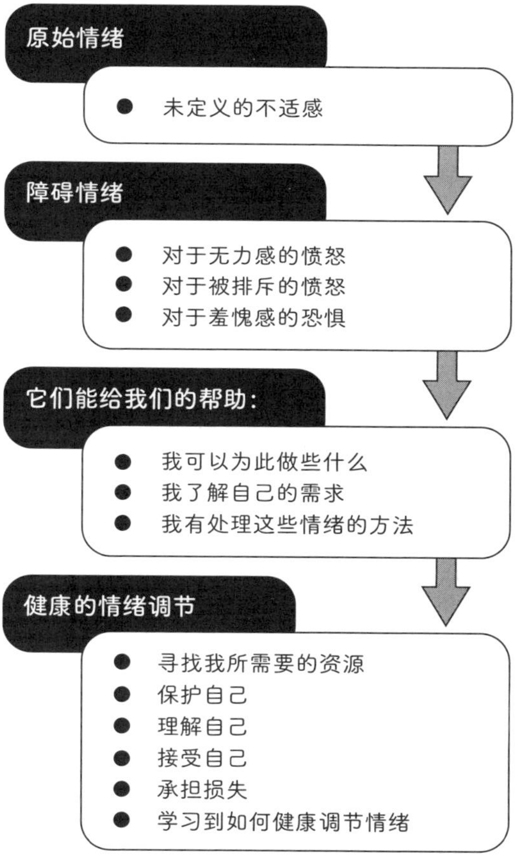
原始情绪
未定义的不适感
障碍情绪
对于无力感的愤怒
对于被排斥的愤怒
对于羞愧感的恐惧
它们能给我们的帮助：
我可以为此做些什么
我了解自己的需求
我有处理这些情绪的方法
健康的情绪调节
寻找我所需要的资源
保护自己
理解自己
接受自己
承担损失
学习到如何健康调节情绪

高级的情绪调节过程

转移注意力，是最简易的情绪调节模式

人们可能以为，即使我们不做任何事情来调节情绪，它也会自我调节，但很多时候并不是如此。我们可以做一些简单的事情，例如：尝试用其他的事情来分散注意力，尽量远离令自己不舒服的感觉和思想，或者捏捏手掌、活动双脚以避免不适。在所有的策略当中，躲到自己的幻想里，是一个比较简单的选项。当工作不顺的时候，可以想一想度假的计划，让心情好转；和伴侣吵架的时候，可以去找一个能理解自己的人聊聊。但这些都只有短暂的效用，而且只适用于程度较轻微的不适感。当我们必须面对更困难的情况时，这些策略不足以解决问题。

比这些再复杂一点的方式，是和别人分享自己的省思，把眼前的情况和其他的情况相比较，或者寻找其他的应对方式来降低不适感。

自我安慰，是最高级的情绪处理模式

最高级的情绪处理模式，就是自我怜悯和自我安慰。我们会说一些有助于自己缓解不适感的话，给自己一些好的建议，回忆过去别人对自己的照顾或安慰，并依照他们的方式，对自己的内心做同样的事情。这能够让我们忍住痛苦，观察自己的内心，处理一段经验，并展开较为复杂的心理过程，例如：走出一段破裂的关系，探索痛苦的原因，或者化

解对我们没有帮助的羞耻感。如果我们能做到这一点，就能面对并解决生活中的大部分问题。

关于自我怜悯，可能有些人会有误解，以为这个词指的是一个人会无谓地为自己的坏运气感到难过，抱怨困境，却又不做任何事情来解决问题，又或者想要博取别人的同情，哪怕他本身遇到的问题并没有那么严重。但这种概念，和正念练习所提倡的自我怜悯方式是不同的。在正念练习中，如果想要调节不适感，或者任何一种负面情绪，我们就得在那个情绪状态当中，用理解的神情以及自我帮助的意愿来看待自己。这意味着要接受且理解自己的感受，并寻求最能够帮助自己的方式。我更喜欢称呼它为自我照顾，这个词的定义比较广泛，也不容易和自怨自艾等负面的概念混淆。

自我觉察的练习：想象自己是另一个人

如果你想要了解自己能不能做到自我照顾，不妨想象自己在一个困难的情境当中。将自己当作是另一个人，观察他，并且注意自己对他的反应，例如：这个人会唤醒我什么样的感觉？我能够用理解的角度来看待他吗？我会想要帮助他减轻痛苦吗？会想要安慰他吗？如果你看到他的时候，察觉到内心有排斥或愤怒，或者为他而感到羞愧，那么，当你自己真真切切地面临困难的情况时，也将很难做到自我照顾。

自我照顾的练习：找回童年的自己

还有一项练习能够帮助到我们：想象自己正处于刚刚开始建立情绪调节系统的生命阶段。让我们回想自己小时候的画面，并想象这个孩子在感受我们现在的状态。先把童年的经历放一旁，我们现在要做的，并不是陷入过去的回忆里，而是找回当时的自己。看看那个孩子，理解他，并全然接受他原来的样子，以及他所有的细微特征。

这样的练习对某些人而言是很别扭的。本书开篇中的许多人物也是如此：贝尔纳多无法想象任何小孩，更无法想象自己小时候的样子。马提亚尔会觉得这很愚蠢，伊凡会觉得很别扭，而阿尔玛看到自己小时候的样子会很难过，潘多拉则不知所措。如果你也会有类似的反应，但不是很明显，那么可以继续进行这项练习。但如果这么做让你很难受，也不用勉强自己，可以先跳过这个练习。

也许你会对这个想象中的孩子感到很亲切，能够理解他，并渴望照顾他，那么，你可以花几分钟去和他聊聊天、安慰他、抱抱他，并告诉他："我能够理解你的感受，而且我会陪在你身边。"接下来，观察自己这么做时内心会有什么感觉，身体会有什么反应，并好好感受一段时间。

你也可能会不喜欢那个孩子，他的某个方面会让你产生排斥，感到羞愧或愤怒。但别为此放弃练习，因为这些感受反映了你自己和过去很重要的层面。或许你的情绪脱节，是源自某个时期超出了负荷。我们看待那个孩子的方式，也有可能是因为我们生命中很重要的人，曾经那样看待我们。然而，无论在何种情况下，我们都没有必要因为过去的经验，而继续使自己与情绪脱节，或自我排斥。不用急着进入回忆里，等准备好了再进去不迟。总而言之，当我们想要学习一个新的情绪调节模式时，跟自己和解确实是一个关键。

让我们来想象另一个孩子，可以是认识的，也可以是任何其他孩子。先抛开自己的过去，以及和自己相关的任何事情，看看那个孩子，将自己的情绪投射到他的身上。会有什么变化吗？和自己无关的事，你会比较容易不带批评地看待吗？你能够接受他有这样的情绪吗？如果不能接受，就将那个角色换成我们最爱的人。花几分钟想想这个角色，并仔细观察自己对他的感受，但不必要求自己或对方任何事情。观察自己身体的感觉，好好地感受它。

现在，让我们回到自己还是孩子时的样子。以全新的眼光来看待他，就像看待任何其他孩子、宠物或我们最爱的人一样。别做任何分析，只要单纯地看着他，并观察自己的感受。看看会发现什么，以及眼下的自己和刚开始进行这项练习的时候有什么差别？你的感受有什么变化吗？不要试图去影响什么，只要观察自己，感受自己，然后给自己一点时间就好。

这项练习之所以会那么困难，原因有很多。如果你觉得独自进行这项练习太困难了，也可以接受专业人士的帮助。如果按照以上的步骤做，会造成严重的情绪脱节，或者无法改善我们对自己的排斥，通常便需要治疗师在旁引导。懂得寻求帮助是很重要的。因为我们所遇到的困难，与我们的情绪运作模式、调节情绪的方式以及和他人的联结有很大的关系。我们看待自己的方式，是借由学习而来的，也是完全可以通过后续的学习被改变的。

我们所排斥、感到羞愧或恐惧的情绪，都是自己的一部分，反映了我们的深层需求，并告诉我们过去经历的事情究竟有何意义。如果不以理解的角度去看待这些情绪，就永远无法了解它们，而它们也无法带领我们到任何地方。我们会陷在这些情绪当中，而情绪则会被困在我们的身体里，永远无法离开。因此，我们必须关注自己的感受，接受、体谅并了解它们。这是最深层、最细致且最有效的自我调节方式。

4

解开情绪的结，向外寻找出口

“情绪”（emotion）一词源自拉丁语中的“emovere”，其含义与“移动”“晃动”以及“向外取出”有关。情绪总是具有这种动态的成分，并将我们导向某个行动。愤怒会使我们为了捍卫自己而战斗；恐惧会使我们逃避危险；悲伤使我们寻找安慰，以及使我们和我们所珍惜的人、事、物在一起；厌恶会让我们远离自己不喜欢的事物；羞愧可以使社会群体保持其规范。如果情绪无法达到其自然的结果，就好像卡在半空中一样，无法被情绪处理系统所消化。

在所有经历了糟糕的一天的人物中，露西亚有很好的情绪调节能力，并且能够善用负面情绪所带来的经验。负面情绪促使她对自己的生活进行省思，也使她对生活做出更有意义的改变，她所做出的决定正符合自己的需求，同时又很务实。其他人则被困在了对自己不利的情况中，或者因为自己情绪管理不佳，又衍生出了新的问题。

找出隐藏在感受背后的需求

由于情绪本身是动态的，因此它的本质并非停留在某处。情绪之所以会在那里，是有其意义的，它会引领我们去满足一些基本需求，或者实现某些对人类而言至关重要的事情。

想象一下，当我们遭遇抢劫的时候，脑中也会闪过要捍卫自己的想法，但恐惧却阻止了我们行动（幸亏如此，否则我们可能很难活着离开）。危险一旦过去，我们就会被恐惧淹没，起初的瘫痪反应会因为感到安全而自动解除，这时我们才颤抖着告诉自己："吓死我了！"

然而，有时恐惧会留在我们体内，从那一刻起，我们便活在戒备状态当中。甚至情况有可能会变得更复杂，而进一步阻碍了其他的情绪。例如：那一刻的愤怒本来可以促使我们去和歹徒搏斗，但事情过后它并没有消失，而是停留在我们体内，且在脑中无限循环。我们可以将自己想象成动作片中的主角，用敏捷的身手解决问题，或者与歹徒重逢并给他们暴击。或许这样的幻想能够让情绪有个出口，让愤怒能够被消化。但另一些时候，这种愤怒会形成封闭式循环，让我们一次又一次地想象这种虚拟的报复，却无法觉得好受一点。

形成这些障碍的原因有很多，还可能会掺杂着其他情绪。例如，我们可能不只对歹徒生气，也会因为自己没有做出英勇的反应而对自己生气。还有一种可能是，我们无法接受这个世界并非那么安全。也有可能因为在这之前，曾经发生过一些让我们感到无助的事情，而当这个情况发生的时候，又加深了我们的无助感，就像在绳结上面再打另一个更紧的结，使它变得越来越大。

如果你发现自己处在这样的情况，可以想想：我的感受背后隐藏着什么样的需求？如果没有感到受困或瘫痪的话，我会做些什么？你有可能会感到悲伤，并想："我应该去寻求慰藉，但我不喜欢被同情。"如果这么做，便是阻断了解决悲伤的自然管道。你也可能认为"我不想感到难过"，或"我不打算哭泣"，并且关上心门，不让情绪流露，因为你害怕自己会崩溃，害怕自己承受不了悲伤，或被悲伤摧毁。

击败无力感、排斥感与羞耻感

如果要让情绪顺其自然地运行，达到对我们有益的结果，那么最好不要有心结。有一些感受会阻碍情绪处理的过程，比如：掺杂无助感和排斥感的愤怒，以及和羞耻感相关的恐惧。无力感是一种无法去做有效的事的愤怒，而排斥感与羞耻感则会带我们进入死胡同，迟迟不去寻找出口。

在糟糕的一天里，感觉自己拥有处理事情的能力也很重要。对于自己以及自己的处境的想法，有可能会导致我们在尝试之前便先放弃。我们必须相信自己有能力做些什么，而且无论如何——不管是用什么方式——我们一定都有资源能够存活。了解情绪背后的需求也至关重要，否则我们会不清楚自己该往哪里去、该寻找些什么。当我们无法好好地自我照顾时，可能会否定或忽略自己的需求，不能用健康的方式满足这些需求，反而让情绪恶化，或变得更激烈。

当然，问题不仅仅在于回应情绪。伊凡就用错误的方式回应了情绪，结果对自己没有帮助。如果感到愤怒，不代表就要辱骂惹到我们的人，也不代表我们必须带有攻击性，或做出满不在乎的样子。有一些脾气不好的人，会为自己不好的语气找借口："别往心里去，那不是我的本意，我只是太生气了。"这完全没有办法为我们的不礼貌或不在乎做辩解，因为学习控制怒气是我们自己的责任。

但在愤怒等感受的背后，我们可能还会感觉到某人做了令我们不开心的事情。此时，就必须去辨别对方所做的事情是否真的不好，还是说它对我们其实有好处。但也许我们会发现，我们所讨厌的事情和那个人或那个情境无关（就像伊凡所打的人并不是他真正生气的对象），或者，当自己想清楚后，会发现没必要和对方生气（就像伊凡对那无辜的热水器生气一样）。如果是这样的话，我们可以重新检视那个状况，改变一下自己的观点，这能帮助我们平息负面感受。

如果我们仔细思考后，发现情况确实很糟糕，必须做点什么。但做点什么，也不代表就一定要去告诉那个惹怒我们的人。面对故事中的老板（顺带提一下，他的情绪调节也不是很好），如果我们在生气的时候对他说"您可真没教养"，可能会造成许多种后果，包括导致自己被解雇，或者增加彼此之间沟通的困难。比较有效的做法，可能是和同事抱怨老板的不是，然后寻找应对策略，以降低他所造成的困扰。也可以观察其他同事遇到此类情况是如何回应的，将好的回应方式当作参考范例，如果可以演练的话，效果会更好。

处理问题的方法从来都不止一种。如果我们能相信自己的能力，让情绪透透气，它们就不会累积在心里。当我们的情绪和反应能力受到阻碍时，做到这一点可能并不容易。我们常常感觉自己受到惊吓，却不能保护自己免于伤害；我们在社交中感到强烈的羞耻感，却不会去调整自己的社交行为，而是选择离开那个社交圈；我们也可能忍住了悲伤，却使愤怒变成了无力感。

练习回到过去，重新感受情绪

如果你有类似的情况，试着回想一下那个感受被激活的具体时刻，停下来感受那是什么感觉，并观察它几分钟。你可以这样做：

- 将注意力放在自己的身上。你的脑中浮现了哪些想法？也许会有“我什么也做不了”“我不值得”“没有解决的方法”等念头冒出来。
- 把原来的具体情况放到一边，只保留身体的感受以及脑中的想法，然后回到过去。不去分析，也不去思考，只要追溯一下：第一次有这种感觉以及脑中第一次出现那些句子，是什么时候的事？让自己花几分钟来进行这项练习。
- 回到当时的状况里，重新观察自己的感受，并观察它们会让自己产生什么样的想法。然后再次回到过去。最初的经验或许发生在很久很久以前。而之后所有和那个经验或那些句子相关联的状况，都可能会使那个阻碍变得越来越大，以至于我们在目前的状况中，几乎无法避免重蹈覆辙，做出不明智的反应。

这些情绪的结，可以依照它们所产生的顺序来拆开。最初造成这个障碍的原因肯定已经不在了，但是我们的身体已经将这种倾向自动内化了，而现在就算没有遇到那样的环境，也会不断地重复。如果我们在学校曾经被同学欺负和嘲笑，或许当时无法捍卫自己（很多时候孩子并没有足够的资源来自我防护），并因此而产生羞耻感，会使这段经验无法被处理。和那些事情相关的情绪没有被带走，而是滞留在那儿，在遇到另一个被欺负的情况时，它便会再度被激活。案例中的阿尔玛就是如此。若她在求学时期没有被霸凌，或许她在老板面前就不会感到那么羞耻，也不会因为自己的不知所措而自责；而当这糟糕的一天与过去的经验联结在一起，阿尔玛原有的心结上面，就又加上了新的障碍。

5

相信专业，为情绪寻找引导者

当情绪调节系统失效的时候，想要修复它可能不那么容易。尤其当我们既是问题也是解决方案的一部分的时候。当我们使用电脑的时候，可以自己进行基本的维护，用有效的方式来操作，选择适当的程序并更新它们，甚至可以分辨何时需要更换某个零件。但如果问题超出我们的理解范畴，就得找一个更懂电脑的人来帮助我们。有些问题只要找朋友求助就可以解决了，但当问题达到特定的复杂程度，就得寻求专家的协助了。在这个关于电脑的比喻中，可以了解到，一台有故障的电脑要正确地自我检测并自动修复，是多么困难的事情——也许那个错误本身就会导致电脑的自我检测能力及修复能力不足。

我们可能完全没有意识到，自己的某些功能已经无法发挥其全部的作用了。或许我们一直以来都是这样运作的，所以对于自身的感受并不是很有概念，因此也感觉不到自己有不适。或者我们会将问题归咎于身体疾病，或者一些无可避免但会影响我们的外在事物。这就是案例中马提亚尔所做的事。所以对他来说，寻求帮助是格外困难的事。当他想要寻求帮助的时候，他宁愿去找医生看身体的问题，也不愿意去见心理专家。医生一边开药，一边告诉他一些想法，并建议他改变一些行为模式。如果他足够配合的话，就能够开始谈论自己的感受，这是他以前所不习惯的事。

当问题反复发生，你得主动求助

如果发现同样的情况不断重演，你就该意识到，自己必须寻求咨询了。有时，我们一遍又一遍地重复同样的问题，却不知道其原因，最终总是会和别人产生冲突。你可能会发现，自己和历任对象总是因为一些类似的问题而分手，或者总是会遇到同样的困难。这些状况之所以不断发生，通常是因为一些不健康的行为模式，将我们引向自己不喜欢的地方。发现这些问题背后的行为模式，并不总是那么容易，更不用说把它们改造成另一个有效的行为模式了。

有些人是处理这类问题的专家，他们很清楚哪些是最常见的心结，并能够帮助人们打开心结。虽然向别人谈论自己的经历会让阿尔玛很紧张，不过当她意识到自己的问题不断在重复时，她终于鼓起勇气去向心理治疗师寻求帮助。但由于她的痛苦程度很高，而且她很清楚自己的问题在于情绪方面，所以她努力忍住了羞耻感，也突破了被专业人士评判与拒绝的恐惧。

同样地，如果情绪脱节得很严重，我们也可以借由观察别人的行为，来发觉自己的问题。或许我们会觉得自己的情绪很迟钝，或被阻碍了，但如果一直以来都处在脱节的状态中，一直都是用这种模式来看待与感受世界的话，这便是我们唯一会说的语言。或许脱节对我们而言是有意义的，但我们却因此无法和他人有良好的沟通。又或许我们并没有彻底脱节，只是将自己的感受埋得太深，以至于不记得自己曾经掩埋过它们。

在以上状况中可以看到，有些人感受情绪的方式和他人不同，而且很难理解他人，也很难让他人理解自己，以上都有可能是一个线索。如果自己和他人有所不同，只要不造成问题的话，并没有什么关系；但如果它对我们的生活形成了阻碍，就需要一位引导者来发掘问题的根源。对于贝尔纳多来说，那个人就是他的朋友克拉拉。

如果你认为问题出在这个世界、出在别人身上（伊凡就是这样想的），或者问题是出在身体层面，而非情绪层面（马提亚尔就是这样想的），那么，你可能觉得为自身的情绪困难而向他人寻求帮助是一件荒唐的事。但请想一想：虽然世界看似与我们为敌，我们认为是别人想要报复自己，或者是我们的身体在作怪，但痛苦是属于我们自己的感受，而在痛苦中，总有一些我们可以去改变的事情。例如：我们看待事情的方式、处理情绪的方式、人际互动的方式、解决问题的习惯等，这些都在我们的能力范围之内，是我们可以改变的事情。

正确用药，对情绪调节很有帮助

在调节情绪这件事上，也不能走极端。有些人认为只要改变情绪状态就可以改变一切了，因此即使患有严重的抑郁症，也拒绝服药，并宣称“我不相信药物”。有些情绪问题是严重的疾病，不只和情绪调节的策略有关，也会改变我们大脑的结构及其运作。每当情绪失去平衡时，大脑都有可能产生变化，但对于有些疾病来说，这种情况会特别严重，必须马上解决。比如精神分裂症、双相情感障碍、某些强迫症以及特定类别的抑郁症，都需要借由药物来调节精神状态、控制病情，或者调整自己的感知与思维。如果只是想要通过阅读本书来治愈所有这些问题，而不服用任何药物，那绝对是错误的观念。

通常，那些不愿服用药物的人，都是不会好好照顾自己的人。他们明知道药物对自己有帮助且没有造成明显的副作用，也明知道自己一旦停止服药病情就会恶化，却还是告诉自己：我想要自己解决，我不相信药物，我吃了药之后病情会变得更严重。但如果稍做分析，就会发现这些说法是没有道理的。他们解决问题的方式，只会使情况变得越来越严重。拒绝相信一种已被多次证实有效的治疗方式，是很荒谬的。而且矛盾的是，那些因为药物的副作用和毒素而拒绝服药的人，常常也会吸烟、喝酒，甚至是吸毒，即便他们清楚地知道，那样做会对自己的健康造成严重的后果。

我并不是在为那些只会叫你去服药的医生辩护，其实，我认为当今世界的确有过度使用精神药物的问题。我相信心理治疗能够改善许多情况，而且我更倾向于使用这些方式。但心理治疗并没有办法治愈所有的状况，如果有一种药物能够帮助我们，并且不会造成严重的副作用，我们就不应该无谓地让自己受苦。无论如何，药物治疗是一种有效的方式，我们完全应该利用这项医学上的进步，去实现我们所需要的改变。

6

改善情绪调节，有这些实用的方法

该如何改变情绪调节的方式呢？让我们来回顾一下前面所提到的方法：

- 首先，你必须清楚自己该改变些什么。我们许多时候都会将力气浪费在没用的事情上，或者试图做一些不可行的改变，就好像以为自己在推门，其实推的是一堵墙。
- 不应该把自己所要做的改变，当作是和自己或自己的情绪在争斗。这不但会让我们感觉疲累，而且对于情绪调节通常也会有反效果。
- 如果无法好好地感知情绪，或者无法分辨它们，那么就要把和自己的情绪相处当作目标。
- 如果没能将情绪处理完善，到不了它们想带我们去的地方，就得学着跟随情绪，完成这个处理过程。

在开始学习之前，我们必须将自己归零，也就是去除那些对情绪有反效果的管理机制，例如自我批评以及对自己极端严苛地要求，在自己的感受或所发生的事情上不停地打转

（反刍思维），回避情绪，试图控制情绪，将情绪隐藏起来并且尽量不向他人流露，等等。所有这些做法都会阻碍情绪调节系统回复到顺畅、平衡的状态，也就是在干预大自然的智慧——在人类数百万年以来的演化过程中，大自然已经为我们设计了一套有用的情绪管理机制，我们必须重拾对这种智慧的信心。当负面情绪袭来，先别急着去阻止它们。别忘了，如果我们试图推开某种情绪，它会用更强的力度反弹回来。我们必须好好面对情绪，并促使它们进化。

别再做旋转陀螺

前文已经提到，反刍思维是对我们的情绪调节最不利的倾向之一，它会使我们逐渐陷入地底，就好像一个不断往下钻的旋转陀螺。当大脑有反刍思维的时候，仅仅阻止它是不够的，更重要的是改变它的方向，就像是将那股陀螺一般围绕自身轴心旋转的力量，化为一股前进的动力。

与其一遍遍问自己“这种事为什么会发生在我身上”“我为何会有这样的感受”，不如对自己说：“我不知道自己为什么会有这样的感受，但是显然我很不舒服，所以我能为自己的感受做些什么呢？”一旦我们能够这样告诉自己，便能通往下一个步骤，且能继续前进。在这个过程中，或许还能搞明白我们之前所不知道的事情。

你可以找个人聊聊最近发生在自己身上的事情，或许对方也会说出他的经历，使你有所共鸣，或者得到一些感悟。

总之，放下“为什么”，把重点放在“下一步该做什么”。也可以想想如果其他人遇到这样的事情，我们会对他说什么，怎样说才会对他有帮助，然后，也把这样有益的话说给自己听。这样，我们就不再是旋转陀螺，而是能像网球手精准捕捉到球那样捕捉到自己的思绪，并运用它们本身的能量，将它们打回去——去往对我们有益的方向。

正视感受，好好消化情绪

一旦我们停止了反刍循环，就必须学习停留在情绪当中。有时我们会竭尽全力地回避感受，因此，花一点时间来观察自己的内心，注意自己的感觉（尤其是身体的感觉）以及呼吸的变化，是很重要的。必须在不同的时候观察自己，看看自己在不同的状况中，是否能够停留在那些情绪里，还是会有回避情绪的倾向。如果你会回避情绪的话，那么就要改变这个倾向。

对有些人来说，正视感受是很困难的一件事，因为那意味着寻找会激活那些感受的状况，而不是去远离它们。要尝试去想起我们试图遗忘的事情，一旦发现有问题的情绪，必须允许自己感受它，并让自己停留在其中。这项工作至少得持续15分钟，并且经常反复练习。可以详细地写下使我们产生不适感的状况，以及导致这种不适感的情绪，从而帮助自己。不必急于得出结论，也不必做任何分析，只要详细地描述事实与感受即可。在不同的情境中，我们可能会产生类似的感受，但每一种感受的组合都是该情境特有的。

好好面对，并不意味着要一头栽入我们所不擅长的事物，这不是一种冲动。我们必须给自己足够的时间去好好地感受那些感觉，让它们在系统中慢慢地被消化处理，然后不断地重复，直到所有的情绪垃圾都消失为止。如果我们习惯“逃跑”，用思考其他事情来回避当下的问题，那么，无论多少次，都得耐心地将思绪拉回来。

如果想要激励自己，可以将开始与结束时的不适感按照从0到10的分数来打分，这样进行数周后，便能证实不适感确实会降低。这会给我们带来更多的信心。不需要一次完成全部的工作，可以循序渐进：当你觉得自己已经能够完全掌控某一种情绪，不需要继续观察它了，就可以跳到下一个情绪。

放下控制欲，享受不确定性

我们必须控制情绪，但是要做到这一点，单靠对情绪施加压力、严格控管，是无法实现的。这是一种假性的控制，最终会导致情绪失控，而这是所有控制倾向的人最害怕的状态。我们必须渐渐地放下自己的严格管控，让情绪调节系统自动回复平衡，就像稍微松开缰绳，让马儿自由活动一样，因为这样做才是对马儿来说更加健康的状态。也只有这样，我们才能够发展出更牢固的自我控制系统，从而应对突如其来的状况。

其中的重点，是要发展一些内部机制，让控制欲变得不再必要。**再说一遍，我们应该寻找自己比较不喜欢的东西，并且进行练习**。很多时候，控制欲之所以会发展，是因为我们无法忍受不确定性，人们喜欢提前知道所要发生的事情，因为觉得唯有如此，事情才会顺利进行。但这并不是一个好的态度。人生总有许多意外，如果不去学习掌握不确定性，那么当意外来临时，我们便会束手无策。

如何练习不确定性呢？当然，这并不意味着直接去冒险，如此激进的解决方式通常会以失败告终。更重要的是去做一些看似微不足道的事情，为日常生活导入一些新鲜的变化，一些自己不熟悉，而且不会主动去做的事情。例如：可以从每天早晨用不同的杯子喝水、走不同的路去上班，或者按照不同于平时的顺序来穿衣服开始。我们应该发挥创意，并抱着幽默感去看待事情。这就好像是在运动之前做个热身一样。每天有一点变化，直到弹性变成我们生活的一部分。

接下来就可以练习放下计划。每天花一点时间做一些计划之外的事情。下班后，可以在网上搜索一下最近有什么好玩的同城活动，约朋友一起去参加；或者逛一些自己从来都不会去逛的商店，看一些自己从来都不会去买的东西；随便搭一班公交车，去自己平时不会去的地方逛逛。总之，没有必要做异样的或者激进的事情，更不用去冒险，只要打破日常的计划就好。我们的目的并不是要做得多好，而是要习惯探索、创作与即兴发挥的感觉。我们对某个想法越是抗拒，就越值得花力气去尝试。

一旦我们适应了不确定性，便能发现这些事情所带来的好处。比如，没有详细计划的旅行可能更轻松，也一样能够看见许多有趣的事情；尝试了新口味的餐点，我们可能会发现其中一些令人惊喜。也许你也会“踩雷”，但因为都是小事，所以风险也极小。最重要的是，这样做会使我们内在的安全感逐渐增加，这种感觉和控制欲不一样。控制欲就好像是一件盔甲，可能会被外在的力量击碎；而安全感则是蕴藏在我们内心的能量，无论遇到任何情境都不会改变。

往内心观看，和被深埋的情绪道别

如果你可以不回避自己的情绪，也不试图去控制它们，便能够开始学习往内观看。将情绪保持在意识之下，会消耗我们的精神资源，无论我们是否注意到这一点。我们必须练习往内心观看，去发现情绪就在那里，剪断使它浸在水中的绳索，让它浮出水面，并让流水将它带走。在整个过程当中，最好不要躲避他人的眼神；当情绪离开的时候，如果可以和别人一起向它道别会更好。

如何感受到自己没有发现的情绪呢？这是一项艰巨的任务，但我们还是可以迈出第一步。如果我们仔细观察海水，便能够开始分辨闪闪发光的海面下所蕴藏的事物。或许我们能看见一条鱼游过，一些海藻在漂浮，甚至还可以看到更下面的沙子。而当波涛汹涌的时候，我们需要找一个海浪平静的角落，透过更清澈的海水，才能看到海面之下沉淀的事物。我们也可以学习潜水，渐渐地进入更深的海域。将这个比喻套用到情绪上，首先就是要从容不迫地观察。很多时候，我们不会停下来观察，或者因为觉察不到任何事物马上就放弃尝试。我们需要给自己一些时间。

不必用太复杂的方式来做这个练习。只要停下来几分钟，观察自己脑中的思维以及身体的感受就可以了。你可以试着这样做：

（1）身体层面

看看自己的身体状态，是紧绷还是放松。检视自己身体的每一个部位，看看都有什么样的感受。观察自己哪一个部位比较热，哪一个比较冷，哪一个比较重，哪一个比较轻，是否有不适感，哪个部位的不适感比较明显。看看在所有的感受中，哪一个是比较舒服的，它是在哪一个部位。注意自己的呼吸，是慢还是快，是很轻松还是很费力，是能够将氧气充满整个肺部，还是只能吸到一半而已。

（2）情绪层面

为自己的感受命名。将“心情不好”，甚至“难过”以及“焦虑”之类的名词排除，因为它们太过笼统了。当我们观察自己的感受时，需要注意到那些细微的差异。先将这些情绪的程度及其合理性忘掉，只需要看看自己的情绪调色板中有多少颜色即可。我们得重视所有的感受，下面的情绪名称参考表可以作为参考。感受不一定是单一的，也可以是多个情绪的总和。我们也有可能会出错，将不同的情绪搞混，但就像学习一种语言一样，最重要的是多加练习。

无聊	钦佩	冷漠	厌恶	冷静	疲倦
努力	欣快	感恩	耐心	不确定性	恐惧
愤怒	羡慕	孤独	悲伤	羞愧	痛苦
亲昵	乐观	安全感	嫉妒	排斥	享受
满足					

常见情绪的名称

如果你难以察觉自己的状态，只要单纯地观察自己的呼吸几分钟，看看它的速度、深度以及流畅度。先将其他的刺激放在一旁，专心注意自己的呼吸就好。

放一些自己喜欢的音乐，也可以是流水或海浪的声音，再看看自己的呼吸是否会变快或变慢，更容易还是会更困难，更深还是更浅，我们会吐出所有的空气，还是会憋住一部分。只要观察就好，不要尝试去改变它。

接下来，试着去想一件使自己担忧的事情，或一个不好的回忆，但不用是最糟糕的经历。也可以想一个自己不喜欢的人，或者不愿意去的地方，然后再次观察自己的呼吸会有什么反应。

你可能会察觉到变化，也可能没有，但都不应该因此而停止练习。向内观看对我们来说是如此的陌生，可能会让我们感到不舒服。当我们在听音乐，或者在一个不舒服的处境时，也有可能不会在一开始就察觉到自己的呼吸变化。这些情况都是在告诉我们，必须多加练习，多多观察自己的情绪。有一点很重要：不要在情绪的含义上打转。这一点此刻无关紧要。只要学会观察，渐渐地，你自然会准备就绪。

当我们开始察觉到一些不一样的情绪时，可以将它们和自己的内在，以及周遭所发生的事情联系起来。观察它们何时会出现，什么样的情况会触发它们，以及在哪些回忆中最常出现。看看自己会不会对其中的一些情绪感到不舒服，而对另一些则会比较认同。问问自己：当看见这些情绪出现在别人身上时，我们会有哪些反应？当自己展露它们的时候，感受又是如何？我们面对每一种情绪的时候，反应必须是平等的，不该为任何情绪贴上好或不好的标签。如果会排斥某个情绪状态，即便它曾经带来过负面的感受，也需要与它和解，从中学习，并想想若是自己学会掌握它，会带来哪些益处。因为每一个情绪，都是我们不该错过的资源。

下一步便是学会展露它们。不需要一次性揭露自己所有的隐私，只要在遭遇了糟糕的一天时，允许自己说“我心情不是很好”；而当自己围绕着一个问题不断地打转时，告诉自己“我很担心”。而当别人问我们更多细节时，也不必退缩，当我们开始谈论自己的感受时，便是在打开交流之门，使自己慢慢平静下来。但如果一开始你觉得做不到，也可以告诉别人：“我现在不想谈那件事。”这样也是正常的反应，慢慢来，不用着急。

而最后，所有的情绪都会对我们的生命产生某些影响。我们的决策，应当考虑到那些会影响情绪的因素，因为每种情绪的背后，都反映了一个我们应当去回应的需求。当我们理解了情绪的含义，并找到一种对自己有帮助的方式，且做出回应之后，每一种情绪都必须产生一个合乎逻辑的行动。将所有的事情和情绪做联结很重要，但是处理好情绪的每一个环节，让它们带领我们到有意义的地方去，也同样重要。我们必须感受、流露情绪，并使之进化。

7

持续练习，就会看到改变

在前文中，已经提到了许多我们可以对自己的情绪系统做的事情。接下来，我将深入探讨几个技巧。但要强调的是，这一节并非本书的重点。想要学习调节情绪，最重要的事情并非工具的学习，而是观点的改变。只要思考并观察自己的情绪运作模式，便能发现许多关键。了解到自己所使用的策略是如何发展的，对于理解自己以及找到改变的关键也很重要。然后我们可以尝试新的方法，并在练习的过程中保持耐心。

带着好奇和理解来看待自己，是很有必要的。大部分的情绪处理都是在我们非主动且无意识的情况下进行的。有时，改变也可能以这种方式发生。其实，在我们的一生中，情绪调节模式会随着经验与人际关系而有所改变，有时变得更好，有时则变得更差。唯有抛弃那些会使我们的情绪调节失去平衡的机制，才能够产生立即性的改变。如果能够意识到自己的情绪状态，就能帮助我们调节自己，并做出主动且有意识的改变。针对行为模式的所有练习，都应该建立在对自己日常运作模式的觉察之上。

为自己寻找情绪导师

情绪的学习，通常在出生后便开始了，比我们学习语言的时间还早。陪伴我们长大的人对我们的情绪状态所做出的反应，会成为一面镜子，使我们调整自己。当我们笑的时候，他们也会笑；当我们难过的时候，他们会同情我们；当我们害怕的时候，他们会提供安抚。我们也会看见他们各式各样的感受，以及他们对事情所做出的反应。这些人便是我们最初所见的范例。我们会看见他们如何生气，如何感受并流露（或隐藏）悲伤，如何表现害羞和厌恶，如何处理恐惧，以及如何享受事物，等等。人们最初的行为模式，便是基于自己所学到的这一切。然后我们会为这些感受命名，不过那已经是之后的事情了。

对于情绪，每一个人都有自己擅长处理的和不擅长处理的。许多人完全不懂得情绪的语言，也无法教孩子说一种自己不会的语言。有些人则对某些情绪束手无策，例如悲伤或愤怒，他们不知如何调节这些情绪，或是无谓地和这些情绪对抗。而当自己的孩子有这些感受时，他们也不知道该怎么办，或者会做出对孩子没有帮助的反应。

有一些情绪可能不曾出现在某些家庭当中，例如：有的家庭从来不会谈论悲伤（“别哭了，你这样会让我难过”），或是禁止生气（“你如果不乖，就是因为你不爱我”），或者认为恐惧是不好的（“你要勇敢”）。一般来说，会发生以上这些事情，有时候是因为前几代的一些不成文的规定，为情绪设置了不健康的调节模式，为未来的问题埋下了种子。在不同的家庭中，不管是言语或肢体上的关心，还是谈论或者表露情感，被允许的程度都是很不一样的。了解自身问题的源头很重要，但也要清楚地知道，我们的生活方式不该由别人来决定。

如果想要做出改变，最好能够将着力点放在健康的学习上面。或许我们身边的某些人就是比较健康的情绪调节榜样，即使他们也没有办法百分之百地处理所有的情绪。或许有些人对于我们某个情绪状态上的帮助很大。甚至，有时我们会将它视为一个参考指标。还有一些时候，甚至是在一些短暂且没有意义的时刻中，一些不常出现在我们生命中的人，也会在某个特定的情况中给我们很大的帮助。我们要回顾所有的时刻、所有的阶段以及所有的背景，尽可能地列出一个完整的清单。

在这个清单中，不要排除任何人、任何事。有时，某些曾经让我们觉得麻烦的人，在处理某些情绪上却是很好的榜样，或者曾经帮助我们处理过某些情绪。也有一些人曾经在我们生活中的某些时段很重要，但由于他们已经不在了，所以每当想到他们的时候，我们都会感到难过。对于我们所要寻求的事情来说，这些人都必须被包括在内，没有任何一个角色是没有意义的。和我们只说过一次话的同学、某天说了什么话激励到我们的一位教授，或者我们生命中的匆匆过客，只要他们拥有平静、坚定、持之以恒的特质，都可以成为我们的榜样，也都必须被包括在我们的清单里。将这份清单放在手边，每当遇到或回忆起某个人，就将他写上去。

每天回顾一下这个清单，想一下清单上面的那些人，但你要把那些时期的其他事情先放在一旁。有时这会很困难，所以我们可以从较简单的范例开始，从一些不会给自己带来负面感受的人开始，即便他和我们的过去没有太大的关联。想一下这些人，我们在他们身上学到了什么，以及他们是如何帮助我们处理情绪的。告诉自己的大脑，那个处理模式也曾经出现在我们的生命当中，而我们也可以向他学习。想到这些的时候，观察自己的身体会有什么感受，也观察呼吸的节奏。让自己处在这个感受当中几分钟，然后将清单收起来。第二天再想一下清单上的另一个人，进行同样的练习，然后也回想一下前一天的那一位。

人比较容易花时间去注意那些教我们不当行为模式的人，这并不奇怪，因为那是我们印象比较深的角色。但这么做似乎不太公平，因为那些比较有情绪智慧的人，才是最能够在这个领域教导我们的人。而且，这么做能够帮助我们更去注意这一类型的人，并增进我们和他们之间的关系。

挥别孩提时代的情感遗产

既然情绪调节始于儿童时期，那么我们最好对自己的童年有所了解。如果我们在儿童时期经历过非常艰难的事情，那么最好不要独自踏上这趟旅程，有朋友或治疗师的陪伴会比较好，但无论如何，这是一趟重要的旅程。正视我们的过去以及它的每一个阶段，才能让我们摆脱过去的束缚，并以另一种方式活出成年人的样子。对于童年的情感遗产，如果不想继承，就必须办理一份抛弃继承声明。

拿一张自己小时候的照片，或者想象自己在儿童时期的一个画面，只要是脑中浮现出的第一个画面就可以了。将那个孩子想象成另一个人，以保持自己和情绪之间的距离，才不会陷得太深。然后想一想：那个孩子从自己的感受中学到了什么呢？陪伴他长大的人教了他什么呢？在他的家庭中，对于情绪有哪些不成文的规定？他身边的人在他的情绪领域中遗留下了什么呢？

现在，请身为成年人的你，将这个孩子带到自己身边，告诉他，他没有必要遵循那些规定；因为身为成年人的好处，就是可以依照自己的规则生活，用自己的方式做事。然后写一封信给我们整个家族，告诉他们，我们要继承哪些情感遗产，以及想要抛弃哪些部分。例如，可以这样写："我不接受哭泣是懦弱的表现，我也不接受表达愤怒很丢脸，或者享受事物是不应该的。与其坚守那些信念，我宁愿赌一把，我会学习发怒，会允许自己痛苦并自然地将它表达出来，也会让自己享受生活。"

然后，再试着想一下童年时的自己，并告诉自己："那个孩子已经不在那里了，他现在就在我的身体里面。现在，我会负责调整自己的需求、自己的情绪，也会接受自己的软弱。"观察一下，当你想象着那个孩子的时候，你的身体会有什么感受？可能是一种温暖的感觉，也可能会有揭开伤疤的痛苦。无论如何，请将手放在那个部位上抚摸它，就好像已成年的我们，正在用一种全新的方式，属于自己的方式，来照顾童年时的自己。

如果这项练习有帮助的话，还可以进行不同的变化。例如：想象和一些特定情绪相关的画面，比如悲伤、愤怒、羞愧或者受惊吓的孩子。用这种方式来思考令我们感到困难的情绪状态，能够帮助我们明白问题是如何形成的，并从根基上进行改变。一个孩子，无论情绪状态如何，他都必须感到被看见、被理解以及被接受。借由这个过程，我们可以重建情绪的经验，挥别不想要的情感遗产，学习观察自己，然后用另一种方式调节自己。

如果你觉得想象自己过去的样子很困难，或对这项练习感到不舒服，也可以简单地将自己的情感遗产列出一个清单，然后省思看看，自己不想保留哪一部分遗产。将这一部分遗产抛弃，并重新建立对这些情绪的认知。

用笔画出来，看看情绪的模样

感受很重要，而建立起新的观点也很重要。我们要观察自己的情绪，接触它们，同时也要从理性的角度思考自己的感受。你的问题可能在于难以联结情绪，或者在这么做的时候会觉得自己完全被情绪绑架，失去了反省的能力，从此便发展出了回避情绪或者控制情绪的倾向，借此来和情绪保持距离。

如果是这样，画画的方法会对你有帮助。不用画出什么艺术品，只要随意涂鸦就行，这项练习的意义完全不在于画画的技术是否高超。如果可以，尽量使用一些颜色，就像孩子在学校用蜡笔画画一样。拿起一张纸，将一些基本的情绪画出来：快乐、恐惧、悲伤、愤怒、厌恶、羞耻等，给每种情绪一个形状、颜色和大小。不要多想，也不要去分析。

接着从远处看看自己的画。看一下作品的整体：哪些颜色特别突出，为什么？你画出它们的顺序是什么？每个图案会给你什么样的感觉？如果不是因为这项练习要画出所有的情绪，你会想要去掉哪一个？对你来说，有哪一种情绪是特别难画的吗？

然后来反思一下：这幅画和我们的情绪运作模式有什么关系？我们是在哪里学会了这种运作模式的呢？这样运作对自己有帮助吗？如果答案是没有帮助的话，可以做哪些事情来改善它？

最后，为这幅画写上几句话，但只写对自己有帮助、能够调节和改变情绪的话。为这幅画起一个标题，或者在每种情绪旁边写上一句对自己有帮助的话。然后再次从远处观看，用不同的角度来看它，并提醒自己，我有足够的时间可以去学习自己所需要的事情，来改善情绪的平衡。

如果你正在学习调节情绪，最好将这幅画保存起来。几个月后，再重新画一幅，然后进行比对。看看有哪些改变，以及自己需要做些什么来持续改变并往健康的方向迈进。

用画画的方式，我们能直观地意识到当自己面对每一种情绪状态时，会有哪些感受。那些后续衍生出来的情绪，会干扰到原始情绪的处理。例如，如果我们害怕自己的愤怒或悲伤，或者会为自己的恐惧感到丢脸，那么那些初始的情绪将找不到处理的途径。如果这种情况发生在你的某个情绪上，那么可以将这个情绪具象化，并改变它。和前面说的一样，我们可以将它画出来，或者将它想象成一个图案，赋予它形状、颜色、纹路和大小。当我们面对它时，尽量去察觉其背后的需求，以及该如何解决这些需求。

有时候，我们不知该如何定义自己面对某种基础情绪状态时的感受，但能察觉自己对它的排斥。或者，虽然我们无法清楚地辨识自己的感受，但在仔细观察自己的身体时，会感到某种程度上的不舒服。我们必须意识到这一切，并借由一些句子来转移焦点，例如："我可以允许自己感到难过""我可以控制自己的愤怒""我可以容忍自己的羞耻感"，甚至只需要说"我可以察觉到自己的这些感受"。如果你觉得这很困难，那就想想你最爱的人，或你最喜欢的小动物，当他/它处在这种情绪中，你会对他/它说什么。然后告诉自己："我至少要给自己同样的待遇。"

改变需要耐性，在过程中不断练习

如果想要精湛地演奏某种乐器，就需要投入很长的时间来学习。有时，前期的阶段会特别困难，任何家里有小孩在学习小提琴、爵士鼓或笛子的人，应该都明白我的意思。

起初的一千次一定都弹奏得不够好，我们需要练习、恒心和不断重复，才能演奏一段复杂的旋律，分辨其细节、表达其含义，并在其中获得享受。但最重要的是，在最开始弹奏不好的时候，要有极大的耐性，必须忍受小提琴发出的刺耳声音，然后一边继续练习，一边想象当自己演奏成功时会发出什么样的声音。

因此，在改变情绪调节模式的过程中，也必须注意其步骤是否符合逻辑，并将它视为学习的必经之路。当我们开始对自己不喜欢的事物说“不”的时候，或者为自己的需求向他人索取的时候，那代表我们还无法很好地处理自己的情绪。我们可能会很无礼，不会调整语气的强度，脸上的表情太过僵硬，反应也不是很恰当。当然，其他人也会为此而反感。如果对方是珍惜我们的人，那最好告知他们我们到底在做什么，以免他们绞尽脑汁地猜测我们到底怎么了。而当我们学会如何坚定且不反应过度地发怒，并能考虑到对方是谁，还能优雅地选择最佳的策略时，已经过了很长的一段时间了。

其实，在最初的时候，或许使用“分批爆发”的方式会比较好。例如，当某位朋友做了什么事情惹到我们的时候，最好先带上笔和纸出去绕一圈，一边回想自己不开心的原因是什么，一边通过走路与活动来释放压力。之后我们可以停在某个舒适的地方，并在纸上写下对方哪里惹到了自己，以及自己对此的感受。但要记得，只要写下所发生的事情以及自己的感受就好，不用做任何分析，也不必问为什么。你可以不加思索地将自己所有的感受都发泄在纸上。当已经写到不知道要写什么的时候，读读看自己所写下的内容，并想象有人正在这样对自己说这些话。最后，再重新写一次自己的感受，但这次的遣词造句要像是正在和对方讲话一样。这时，再回到原来的地方。

如果打算和对方交谈，那就不要在对话中去质问对方，很重要的一点是，不要责怪对方。你可以告诉对方："昨天吵架时，你骂我是个没用的人，这让我感到很难过。"这样说的效果，和抱怨"你为什么对我这么不好？"或"你总是这样对待我！"是很不一样的。告诉对方自己的痛点，向他解释他对我们造成的感受，可以让对方更容易理解我们的感受。如果对方是一个比较缺乏同理心的人，这样清楚的解释就更有必要了。如果对方是对于批评极度敏感的人，这样做也能使他的防卫反应降低，至少能降低一部分。如果对方的反应源于他也掌握不好自己的情绪，那这么做，至少能够促进彼此在情感上的对话。

或许最初的结果并不理想，毕竟，我们还在学习的过程中。如果对方的反应不好，就应当注意自己刚刚所说的内容、口气以及脸部表情。因为时间一旦过了，我们便会忘记那些细节。对方的反应不只和我们做了什么或者没做什么有关，也和他个人的问题有关，最好要能够辨识触发他的那个反应的原因是什么，这有助于我们计划下一次的行动。

因此，我们应该重视那些尝试的价值。如果我们现在能够成功地感觉到某种自己之前会抑制的情绪，即便它是不愉快的，我们也应该为此感到高兴。如果我们已经能够向某人表达自己的悲伤，那就不要因为害怕丢脸而放弃尝试。如果我们发怒时有些粗鲁，那就道歉，并继续练习。每一个不完美的尝试都是一次练习，而每一次的练习都是走在通往改变的道路上。

要提醒自己，最终一切都会变得更加容易。如果我们一直以来都习惯于关注一种情绪感受，那么当感受到混合与变化的情绪时，可能会让我们觉得很困惑。但是这些组合所画出来的图案，会比单色的图案来得更加真实。

8

我们都在改变的路上

即使我们的情绪运作模式到目前为止都不太健康，但只要对情绪的世界有进一步的认知，我们就已经踏出重要的第一步了。从现在开始，我们需要做的事情，就是持续前进。

至于本书开头的那些主角们，他们后来怎么样了呢？他们学会以不同的方式来管理自己的情绪了吗？如果真是这样，那他们是如何做到的呢？

让我们继续把故事讲下去——

露西亚不断在进步。这些年来，她在人际关系以及生活问题的处理上都变得越来越成熟。对她来说，每一天无论是好是坏，都是一段能够让她从中学习的经历。每一个糟糕的经验，都能让她获得某种资源来面对下一次的挑战。当然，她也曾有过很艰难的时刻，因为人生总会遇到考验。但露西亚懂得向朋友求助，照料了自己的情绪，随着时间流逝，一切又回到了正轨。她仍然在原先的地方上班，并没有直接从事设计的工作，但她已经在独立接一些绘画的工作，以增加一些额外的收入。

贝尔纳多是如何开始与自己的感受做联结的呢？他的朋友克拉拉教会他情绪的语言。在他们多年的友谊当中，贝尔纳多从基础开始学习，渐渐学会理解自己的感受，并展开情感上的对话。起初他得时时刻刻关注自己，且自己和克拉拉鲜明的情感所产生的对比，会让他觉得不知所措，但不知为何，他觉得那样做才是对的，而自己应该也可以变成像她那样能够表达感情的人。如果你现在遇到他，一定会认不出来。几天前，他和克拉拉谈到过去的事时，还非常激动。

而索利达呢？虽然她能够察觉到自己的情绪，但她最大的问题是自我放弃的倾向，这让她在状况不佳的时候，不仅不懂得寻求协助，甚至在别人帮助自己的时候也不会接受，或不知该如何把握它。她身边的人也都因此而一一投降了。当她跌到谷底，觉得自己已经到了尽头时，她告诉自己："我不能再这样下去了。"然后她开始往上爬，又再次跌到了谷底，并重复这样的循环。在付出许多代价后，她终于愿意承认，只有改变内在的情绪运作模式，才不会让自己一再放弃。她也开始在低潮时激励自己。最终，她感受到了自己的变化，虽然仍然会有一些情绪起伏，但已是比较轻微的了，不会完全打乱生活。

至于马提亚尔，在那天的事情发生之后，他的身体问题又加重了，除了我们前面所描述到的危机，又加上了血压失调以及肠道问题。看医生时，他将焦点放在自己的症状上，希望消除它们，而只要能够改善身体上的问题，他愿意接受任何药物治疗。而随着他对医生的信任逐渐增加（他有较高的控制倾向），医生才开始能够和他谈一些他需要做出的改变。虽然这位医生不是精神健康方面的专家，但他是一个具有同理心及洞察力的人，并能理解马提亚尔的问题。马提亚尔后来和这位医生建立了良好的关系，医生不用多说，他便了解了许多关于自己情绪的问题。他慢慢地改变了生活模式，并渐渐使自己不再那么僵硬。不久前，他和家人去旅行，但这次他没有去计划每时每刻的行程，而结果出乎预料，他玩得非常开心。他开始看到，当他放下原先的控制欲，能带来哪些好处。

潘多拉在糟糕的一天过去之后，便开始去看心理医生，在后来的几个月里她接受了药物治疗以及心理治疗，但并没有维持多久。事实上，她对重回工作岗位的恐惧从来都没有消失，虽然心理医生对她说“要面对自己的恐惧”，但这和她内心真实的渴望恰好相反。问题就这样被拖延了，她按照自己的方式来让自己恢复，并回去上班，但还是会感到有些不适。两年后，她又重新回去治疗，但这次是她自己主动要求的，因为她想彻底解决问题。心理医生给了她一些指导，让她可以逐步面对恐惧，以及学会使用调节自己的工具。她开始独立地做事情，也较少向他人寻求安慰，并勇敢地为自己的事情做决定。虽然刚开始她觉得很没有安全感，但坚持到现在，那些改变已经越来越稳固了。

阿尔玛也选择了治疗，因为她找不到解决自己的问题的办法。医生建议她通过EMDR疗法去治疗行为模式根基中的那些记忆，例如，对于霸凌的记忆。因为那个记忆已经严重影响到她对于自己的羞耻感，以及情绪障碍的处理。她从成年人的角度，重新回头去看经历了那些事情的女孩，并建立了一个和当时完全不同的观点：处在这样不友善的环境里，过错并不在于那个小女孩。随着时间的流逝，她得以回顾那些记忆，并使自己感觉好一点，不再因为自己的感受而折磨自己。她也对自己其他的记忆下了功夫，例如：家人回避冲突的做法，以及家人一直没有教她自我珍惜等。她勇敢地和治疗师谈论这一切，这对她来说其实真的很不容易，但很值得。而她现在的生活也变得更加有意义。

伊凡则遇到了许多问题，他因为类似的原因，又丢了三份工作，直到生活的需求迫使他学会忍住脾气。然而，他所承受的心理压力是非常大的。他会和朋友出去喝酒，试图释放压力，并让自己稍微失控一下，但当这种情况变得越来越频繁时，就连他自己都开始担心了。在这个过程中，他结了婚，还生了一个儿子，现在儿子也已经四岁了。前一段时间，他因为工作压力，下班后和同事去喝了些啤酒，当他疲惫不堪地回到家之后，和妻子发生了争吵。争吵时，伊凡好几次提高声量，令他的妻子不堪忍受，他却试图叫妻子不要在意："你别放在心上，你知道我不是这样的人，我只是太生气了。"但是这次的结果不同，他的儿子拉斐尔走向了他，用快哭出来的表情看着他的双眼说："别对妈妈大吼大叫。"他回想起自己小时候，当父亲喝酒回来要打母亲，他也是这样试图去阻止的。这次，他真正意识到了历史在他身上是如何重演的。他非常清楚，自己不希望孩子也经历类似的事情。从那之后，他做人处事的态度都不同了。妻子告诉他，或许他可以去寻求帮助，而他也第一次认真思考这个建议。其实，许多人都是从自己孩子的反应当中看见自己是如何处理情绪的，并因此找到改变的动力。

这些主角都处在改变的过程当中，其实我们每个人也都一样。我们会从不同的经验以及新的人际关系和生活状况中持续地进行情绪管理的学习。我写此书的目的，就是希望大家能更好地了解自己，省思我们的情绪以及我们和它们的关系。或许你的情绪处理系统已很完善，而阅读本书只是激发了你对于这个复杂且有趣的情感世界的好奇心。但我们也有可能被某些不利的行为模式给困住了，或是因此而累积了疾病。而在后面这种情况下，就得努力去改变它。

如果你感觉自己无法独自完成这样的改变，就应该寻求帮助。书中的一些人物也得到了其他人的帮助。对于潘多拉和阿尔玛而言，这项工作是内在的，多半是与决定去面对及往内观看有关。虽然这对每个人都很重要，但是对于不擅长情感交流的人来说，和别人联结，在改变的过程当中格外重要。就像贝尔纳多的朋友克拉拉的例子一样，她是贝尔纳多在情绪语言上的老师，也是他在学习改变过程中的伙伴。马提亚尔的医生也是让他开始改变的关键。伊凡的儿子做到了别人之前做不到的事情——帮助他，让他不再只看见别人的缺点，还能意识到自己的情绪是如何运作的，以及自己情绪调节的机制起源于哪里。

索利达有一个非常特别的帮手，那就是她的狗——利奥，它非常活泼，可以帮助她活跃起来。索利达也会为了它而常常出门，并开始与其他狗主人聊天。那些她一直无法为自己做的事情，却因为利奥而有了改变。当她心情不好的时候，利奥就会出于直觉，做一些我们在这本书中所提到的事情：它会同情地看着她，舔一舔她的手，并拉着她，让她出门走走。利奥懂得许多自我照顾的技巧，而索利达在不知不觉的状况下也学会了。

对于马提亚尔而言，最好的老师或许是多年后才出现的那一位——他的孙子卢卡斯。随着这个孩子的到来，马提亚尔卸下了自己对于义务与控制的观念。虽然多年来他已经进步了许多，但那些倾向还是没有完全消失，而卢卡斯却神奇地让他做到了。马提亚尔会和他一起笑，一起扑倒在地上，一起玩耍，而当卢卡斯恶作剧的时候，马提亚尔还会替他掩盖，以免他被父母亲发现。当卢卡斯难过的时候，马提亚尔会看着他，并温柔地照顾他，而他自己从未这样照顾过自己的悲伤。他的女儿简直不敢相信，她惊讶地说："爸爸完全变了一个人。"其实，随着卢卡斯的到来，整个家庭都学会了一种新的互动方式。

如果你了解了情绪调节的技巧，却不运用在日常生活中，也不运用在和他人的关系以及自己身上，那么本书所讲的一切就没有任何意义了。我们所要学习的东西，其实都蕴藏在我们的情绪以及他人的情绪当中。在情绪的世界里，你将会读到更多本书中未曾写到的内容。

参考书目

GONZALEZ, Anabel, No soy yo, 2017.

MARCHANT, Jo, Cúrate, Aguilar, Barcelona, 2017.

SHAPIRO, Francine, Supera tu pasado, Kairós, Barcelona, 2013.

作者简介：

安娜贝尔·冈萨雷斯（Anabel Gonzalez），西班牙精神科医生，心理治疗师。她拥有医学博士学位，是欧洲创伤与解离研究学会（European Society for Trauma and Dissociation）的理事，也是西班牙EMDR（快速眼动疗法）协会的副主席，CHUAC（拉科鲁尼亚大学医院）的培训讲师，以及西班牙国家教育大学的特座教授。

译者简介：

江瑀，阿根廷圣胡斯托（San Justo）儿童医院住院医师，毕业于阿根廷阿比尔塔国际美洲大学医学系。定居阿根廷二十多年，长期从事西班牙语图书，尤其是医学相关图书的翻译工作。

如何度过情绪的雨天

作者 _ [西] 安娜贝尔 · 冈萨雷斯　　译者 _ 江瑀

产品经理 _ 周喆　装帧设计 _ 星野　插画 _ 张弘蕾　产品总监 _ 阴牧云
技术编辑 _ 白咏明　执行印制 _ 梁拥军　出品人 _ 吴畏

营销团队 _ 果麦文化营销与品牌部　物料设计 _ 星野

果麦
www.guomai.cc

以 微 小 的 力 量 推 动 文 明

图书在版编目（CIP）数据

如何度过情绪的雨天 /（西）安娜贝尔·冈萨雷斯著；江瑀译. -- 杭州 : 浙江文艺出版社，2022.11

ISBN 978-7-5339-6986-8

Ⅰ. ①如… Ⅱ. ①安… ②江… Ⅲ. ①情绪—自我控制—通俗读物 Ⅳ. ① B842.6-49

中国版本图书馆 CIP 数据核字（2022）第 174840 号

如何度过情绪的雨天
［西］安娜贝尔·冈萨雷斯 著　　江瑀 译

责任编辑　陈　园
装帧设计　星　野

出版发行　浙江文艺出版社
地　　址　杭州市体育场路 347 号　　邮编 310006
经　　销　浙江省新华书店集团有限公司
　　　　　果麦文化传媒股份有限公司
印　　刷　河北鹏润印刷有限公司
开　　本　880 毫米 ×1230 毫米　1/32
字　　数　203 千字
印　　张　9.75
印　　数　1—10,000
版　　次　2022 年 11 月第 1 版
印　　次　2022 年 11 月第 1 次印刷
书　　号　ISBN 978-7-5339-6986-8
定　　价　59.80 元